꽃처럼 산다는 것

꽃에게 배우는 삶의 지혜

꽃처럼 산다는 것

송정섭 지음

다미
DAMEET

들어가기 전에

꽃을 사랑하는 것은 자연의 소중함을 아는 것이다. 그리고 생명의 가치를 깨닫는 일이다. 이 세상에 태어난 모든 생명체는 어떻게든 살아남기 위해 자신만의 고유한 생존전략을 갖고 있다. 어떤 수고도 하지 않고 저절로 살아가게 되는 삶이란 지구촌 어디에도 없다. 꽃들도 마찬가지다.

직업상 꽃을 연구 대상으로 다루다보니 꽃이 사람보다 한수 위라는 생각이 들 때가 많다. 우리나라에 사는 4,600여 종의 식물 역시 자신만의 생존전략을 갖고 있다. 가짜 꽃을 만들기도 하고, 무엇인가를 휘감고 올라가 생명을 이어가거나, 땅속에 열매를 맺기도 한다. 이처럼 식물은 수천 년 동안 진화를 거듭하며 고유의 생존방식을 이어가고 있다.

자유롭게 이동할 수 없는 꽃들의 생존방식은 우리에게 많은 메시지를 전해준다. 주어진 환경 속에서 최선을 다하는 꽃들을 보면, 어떤 역경이 닥치더라도 살아내야 한다고 일깨워 주는 것만 같다. 지구상에 '오직 하나밖에 없는 나'라는 것을 깨닫는 순간, 삶은 훨씬 귀하고 소중해진다.

무엇보다 꽃들은 다른 생명체들과 더불어 살아가는 법을 잘 알고 있다. 그래서 군락을 이루어 다양한 다른 종들과 어울려 조화롭게 살아간다. 또한 사람들에게 아름다움과 향기를 선물하고 곤충들에게 먹이를 제공하며 지구생태계를 건강하게 유지시켜 주고 있다.

꽃처럼 산다는 것은, 나만의 향기를 지키며 이웃과 더불어 자연을 소중히 여기며 살아가는 것을 뜻한다. 꽃들은 자기만의 빛깔과 모습, 향기를 통해 주변을 행복하게 만들어주기 때문이다.

꽃처럼 살아가는 삶은 아름답다. 꽃들의 삶을 통해 나 자신을 성찰할 수 있다면, 더 행복한 삶을 살 수 있게 될 것이다. 그러면 어떻게 살아야 할까. 꽃이 살아가는 모습을 통해 그 지혜를 한번 배워보기로 하자.

2019년 봄날, 꽃담원에서

송 정 섭

차례

1부

자연의 선물, 꽃

✽ 함께 숨 쉬며 산다

사람도 꽃도, 살아서 숨을 쉬는 생명체다. 숨 쉰다는 것은 사람에게도 식물에게도 삶 그 자체를 뜻할 만큼 중요한 일이다. 사람은 코와 입으로 공기를 들이마시고 내쉬며, 식물은 잎의 숨구멍을 통해 공기를 들이마시고 내쉰다.

그러나 사람은 숨 쉴 때 공기 중에 있는 산소O_2를 마시고 몸 안에 있는 이산화탄소CO_2를 내뿜는데 반해 식물은 광합성 과정에서 공기 중의 이산화탄소를 빨아들여 몸속에 포도당을 만들고 그 과정에서 산소를 배출한다. 사람이 식물과 함께 살아야 하는 가장 필연적인 이유가 여기 있다.

현대인들은 특별히 야외에 나가지 않는 한, 하루 중 80% 이상의 시간을 실내에서 지낸다. 그런데 언제부터인지 날씨

예보 중에서 공기 속의 미세먼지 농도를 살펴보는 일이 중요한 일과가 되었다. 도시에 사는 사람들은 대부분의 시간을 실내에서 지내고 있는데 황사, 미세 먼지, 자동차 배기가스 등 대기오염이 심해질수록 실내에 머무는 시간은 점점 더 길어질 수밖에 없다.

지구 환경이 나빠지고 에너지 문제가 중요해지면서 친환경 건축물에 대한 관심이 많아지고 있다. 에너지 효율을 높이려고 노력할수록 건물의 밀폐도도 더 높아지므로 실내 공기의 질에 대해 한층 더 관심을 기울이게 되었다.

실외 공기가 나빠질수록 실내 공기의 질도 함께 나빠진다. 사람이 하루에 섭취하는 물질 중에서 57%가 실내 공기인데, 미세먼지는 실내에도 많이 있다는 것이 문제다.

실내에서 일상적인 생활을 하는 동안 지속적으로 발생하게 되는 것이 미세먼지이다. 문을 닫고 주방에서 요리를 하면 요리를 하지 않을 때보다 2~60배 많은 미세먼지가 발생한다. 이외에도 진공청소기, 히터 등 다양한 전자제품을 사용할 때 미세먼지와 화학 오염 물질은 차곡차곡 실내에 쌓인다.

이처럼 실내 공기가 오염되거나 미세먼지 농도가 높아지게 되면 영유아, 임산부, 노약자들은 여러가지 질환에 노출되기 쉽다. 공기정화기나 가습기 등을 이용해 문제를 해결해 보려고 하지만, 오존이나 저온성 세균 등, 또다른 부작용이 걱정되어 마음을 놓을 수 없다.

실내 공기를 쾌적하게 유지하려면 미세먼지가 없는 날 자주 환기를 시켜주어야 한다. 환기는 오전, 오후, 저녁으로 하루 세 차례 하는 것이 좋은데 요즘처럼 외부 공기의 미세먼지 농도가 '나쁨' 수준일 때는 잠시 창문을 열어놓는 것도 두렵다.

실내 공기를 쾌적하게 만들기 위한 가장 좋은 방법은 식물을 활용하는 것이다. 실내에 있는 식물의 역할이 중요한 이유가 여기 있다. 식물은 공기를 흡입하고, 배출하는 과정을 통해 실내를 쾌적하게 만들어준다. 흡입을 할 때는 기공을 열어 공기 중의 포름알데이드나 톨루엔 같은 휘발성 유기화합물을 빨아들이고, 배출을 할 때는 증산작용을 통해 나오는 음이온과 광합성을 하며 만들어진 산소가 공기를 맑게 한다.

이 과정에서 미세먼지를 흡입하거나 잎의 표면에 부착시켜 미세먼지 농도를 낮춰주게 된다. 식물 숨구멍의 크기는 대략 $20 \sim 30 \mu m$인데, 초미세먼지는 입자 크기가 $2.5 \mu m$이하이므로 식물이 공기를 빨아들일 때 식물의 숨구멍을 통해 식물 내부로 쉽게 빨려 들어간다. 식물의 잎 표면을 현미경으로 확대해 보면 수많은 돌기가 나 있는 것을 알 수 있는데, 그 돌기들이 미세먼지를 흡착한다. 농촌진흥청 실험 결과, 일반 식물들의 경우 44%, 산호수는 70%, 고무나무는 67% 초미세먼지를 감소시켜주는 것으로 나타났다.

최근에 한 또 다른 실험 결과를 보면, 초미세먼지 제거에 효과가 있는 식물은 공기 중에 뿌리가 노출되어 있는 착생식물 수염틸란드시아, 덩굴식물 아이비, 양치식물 네프로레피스, 잎이 넓고 고구마 순처럼 자라는 스킨답서스 등이다2017, 국립원예특작과학원. 또한 식물은 증산작용을 할 때 나오는 음이온이 +로 대전되어 있는 미세먼지를 흡착해 바로 미세먼지를 없애주기도 한다.

식물을 실내에 두면, 녹시율綠視率, Index of Greenness 일정 지점에 서 있는 사람의 시계視界 내에서 식물의 잎이 점하고 있는 비율이 높아져, 공기를 정화시키고 온도와 습도를 조절해준다. '공기정화를 위해 식물을 이용하는 방법에 관한 연구' 결과, 4인 가족을 기준으로 했을 때 배출되는 이산화탄소와 그밖에 배출되는 실내 오염 물질을 제거하려면, 최소한 전체 공간의 2%이상 되는 공간을 식물로 채워야 쾌적한 상태를 유지할 수 있다고 한다. 보다 쾌적한 환경 속에서 지내기 위해 '그린 오피스', '힐링 오피스', '그린 카페', '그린 하우스'에 관해 좀 더 깊은 관심을 가져야 할 것이다.

식물의 실내 미세먼지 제거 효율에 대한 실험 결과, 수염틸란드시아, 아이비, 네프롤레피스, 스킨답서스가 특히 효과적이라고 한다.

식물의 실내 미세먼지 제거 효율

식물의 종류	수염틸란드시아	아이비	네프롤레피스	스킨답서스
제거량(μ/㎥)	1210	541	503	477

그린 오피스

그린 오피스

❀ 행복 수준의 척도

꽃은 인류와 함께 아름다움을 상징하는 언어로, 예술로, 문화로 그 영역이 넓혀지고 있다. 사람이 태어나 죽을 때까지 삶의 중요한 순간마다 꽃은 자리를 지키며 희로애락의 순간을 함께 한다.

현대인들은 복잡하고 다양한 스트레스로부터 자유로울 수 없다. 스트레스 지수가 높아질수록 체내에 코티졸이라는 스트레스 호르몬이 증가한다. 코티졸 농도가 증가하는 상황이 계속되면 비만, 고혈압, 당뇨 등의 질병 발생 위험도가 높아진다. 스트레스가 만성피로, 우울증, 생리불순, 비만 등 여러 질병과 깊은 관련이 있다는 것은 이미 널리 알려진 사실이다.

그런데 꽃향기가 스트레스를 현저히 낮춰준다는 연구 결과가 있다09, 농촌진흥청. 실험용 쥐에게 적당히 자극을 줘 스트레스를 받게 한 다음 밀폐용기에 넣어 관찰했는데 나리꽃, 국화꽃과 함께 넣어둔 쥐는 일정 시간이 지나자 혈액 내 코티졸 농도가 현저히 낮아진 것이다. 초등학교 어린이들을 대상으로 한 실험 결과도 비슷했다.

집안이나 개인 정원뿐만이 아니라 사무실, 회의실, 음식점, 담장이나 길 옆 등, 생활공간에 식물이 있어야 하는 중요한 이유가 여기 있다. 도시의 옥상정원도 마찬가지다. 옥상정원은 근무하는 이들의 중요한 휴식 공간인 한편, 도시의 녹지율을 높혀주어 공기를 맑게 만드는 허파 역할을 하는 곳이라고 할 수 있다. 옥상정원을 만들면 단열 기능이 좋아져 냉난방비를 절감할 수 있으니, 일거양득이라 하겠다.

식물의 치유 기능을 활용한 그린 오피스와 옥상정원이 늘고 있다는 것은 참으로 다행스러운 일이다. 작업 공간에 꽃을 비롯한 식물이 많으면, 분위기가 부드러워지고 일하는 사람들의 작업 능률이 오르며 스트레스를 덜 받게 된다.

그린 오피스 심사에 참여한 적이 있는데, 사무실에 식물이 많은 어느 의류회사의 경우는 참으로 고무적이었다. 사무실에 식물을 많이 들여놓게 된 후, 직원들의 행복지수가 높아졌으며 디자이너들이 식물을 통해 영감을 받아 신선한 새로운 상품을 출시할 수 있었다고 한다. 특히 키가 큰 관엽식물을 실내에 두면 숲에 들어온 듯한 기분을 느끼게 해주어 스트레스 해소에 도움이 된다.

꽃의 아름다운 빛깔과 자태와 향기는 인간의 오감에 영향을 미친다. 노란 개나리는 따스한 느낌을 주며 봄이 왔다는 것을 알리고, 여름철에 푸른 꽃이 피는 용머리는 시원한 느낌을 준다. 그리고 가을의 붉은 단풍은 휴식기가 시작되고 있음을 알려준다.

달력에 '입춘'이라고 쓰여 있는 것을 보고 인간의 뇌는 이제 봄이 온다는 것을 인지하지만, 진정한 봄을 느끼게 되는 순간은 산수유, 목련, 매화, 벚꽃과 같은 이른 봄꽃이 핀 것을 바라볼 때이다. 꽃을 가꾼다는 것은 식물들을 통해 계절의 변화를 느끼며 그 식물들의 삶을 통해 자연과 교감하는 방법을 깨닫는 것을 뜻한다.

추운 겨울을 견뎌낸 사람들이 이른 봄날, 계절의 전령사인 꽃을 보기 위해 몰려드는 모습을 보고 있노라면, 꽃놀이는 축제의 장소라는 의미보다 치유의 장소라는 의미가 더 큰 게 아닌가 싶다. 이처럼 꽃은 우리 삶과 떼어놓을 수 없는 또 하나의 문화이다. 그래서 세계 곳곳에서 열리는 꽃축제는 중요한 관광자원으로 인식되고 있다.

선진국일수록 식물의 가치를 높이 두고 있으며, 꽃이 생활 속에 함께하고 있다. 우리는 고급 음식점에 가도 꽃이 눈에 띄지 않는 경우가 많은데, 선진국에서는 고급 레스토랑은 물론이고, 웬만한 식당 식탁 위에도 생화가 꽂혀 있는 것을 쉽게 볼 수 있다.

46조원 가까이 되는 세계 꽃시장은 꽃이 일상생활 속에 자리를 잡고 있는 유럽과 미국, 일본을 중심으로 엄청난 량이 소비되고 있다. 해마다 유럽 선진국이나 일본 사람들이 꽃을 위해 쓰는 돈은 1인당 10만원을 훨씬 웃돈다. 우리나라 국민은 일 년 동안 꽃을 사는데 1인당 11,722원을 사용했다2016, 화훼재배 현황고 하니 선진국에서 소비하는 꽃의 10%정도밖에 되지 않는 셈이다. 게다가 우리나라 국민들이 사는 꽃의 80% 이상이 선물이나 행사용인데 비해 선진국에서는 퇴근할 때 집에 가져가기 위해 꽃을 많이 찾는다고 한다.

꽃은 사람의 마음을 풍요롭게 해주고 치유해주는 순기능을 갖고 있지만, 우리나라 국민들은 꽃에 대한 관심이 그다지 높지 않은 편이다. 물질적으로는 웬만큼 풍요로워졌지만, 꽃을 통해 확인하게 되는 정서적인 수준이나 문화의식은 그와 달라서 아직도 꽃을 일상생활 속에 없어서는 안 되는 필수품으로 여기지 않고 사치품으로 보는 경향이 있다.

우리나라는 한때 화훼산업 규모가 1조원2005년이 될만큼 성장했던 적이 있었지만, 경제 불황과 꽃 소비 실적의 저조로 현재 6천억 원대 규모에 머무르고 있으며 많은 물량을 수입에 의존하고 있다.

세계 최대 꽃 수출국가인 네덜란드는 국토 면적이 한반도의 20%밖에 되지 않는 작은 나라이다. 그러나 세계 꽃시장을 움직이는 중요한 꽃 생산국이다. 네덜란드는 꽃 품종 개량뿐만이 아니라 꽃과 관련된 모든 산업이 다 앞서 있다. 암스테르담 근처에 있는 세계 최대 규모의 꽃 경매장은 축구장 200개가 들어갈 정도로 넓은데, 하루에 세계 꽃 거래량의 80%인 2천만 송이의 꽃과 2백만 개의 꽃 화분이 그곳에서 거래되고 있다고 한다. .

우리나라는 2018년 기준 GDP 순위로 세계 12위, 수출 순위로는 세계 6위의 경제대국이다. 2018년 1인당 국민소득은 32,774달러라고 한다. 그러나 2018년도 각 나라별 행복지수를 살펴보면, 대부분의 선진국들이 상위를 차지하고 있고 특히 네덜란드가 6위인데 비해 우리나라는 57위이다.

우리도 이제 가족과 나를 위한 꽃을 찾을 때가 되었다. 잘 산다는 것은 물질적인 것뿐만이 아니라 정서적, 문화적으로도 풍요로운 삶을 뜻한다. 꽃의 생명감과 아름다움은 마음을 건강하게 만들어주고, 향기는 스트레스를 줄여준다.

살아있는 생명체인 꽃은 사람과도 교감한다. '식물의 정신세계'피터 톰킨스 외. 정신세계사를 보면, 식물은 다양한 방법으로 자신의 의사를 표현한다. '향기'라는 언어로 꽃들이 자신의 상황을 다른 식물들에게 전하고 있다는 것이 다양한 실험을 거쳐 보고되고 있다.

꽃들은 대략 40여 가지가 넘는 향기 성분을 이용해 단순한 향으로 때로는 복합적인 향으로 자신이 처한 상황을 전한다고 한다. 사람은 소통하는 방식이 식물과 다른 까닭에 이해하지 못할 뿐이다.

서울 시내에 있는 유치원이나 초등학교 옥상에 자연학습장이나 정원이 있는 곳이 더러 있다. 학생들은 이러한 곳을 좋아한다. 어릴 때 식물과 교감하는 기회가 많을수록 자연에 대한 호기심이 커지고 자연을 이해하는 마음 또한 깊어지리라는 것은 당연한 일이다. 어릴 때 식물을 가까이서 체험한 어린이들은 인성은 물론 사회성, 창의성까지 향상된다는 보고도 있다.

인간도 식물과 마찬가지로 지구의 자연생태계를 구성하는 하나의 생물종에 불과하다는 사실을 잊어서는 안 될 것이다. 꽃을 가꾸고 채소를 기를 때도 그 대상인 식물과 눈높이를 맞추어 참된 마음으로 대하는 자세가 필요하다. 요즘 진심농법眞心農法 진심을 다해 식물을 기르는 농업에 관심을 갖는 이들이 늘고 있는 것도 이와 같은 이치이다.

가장 인간적인 삶은 자연과 교감하는 삶이다. 자연의 식물들과 친하게 지내다 보면, 잎이나 꽃만 보고도 식물의 상태를 파악할 수 있게 되고 교감이 시작된다. 이처럼 자연과 조화를 이루고 있는 삶이 최고의 삶이다. 꽃은 관심을 갖고 바라보는 이에게 자신의 아름다움을 아낌없이 보여준다. 자연 생태계를 건강하게 유지해야 할 책무는 우리 모두의 몫이다.

꽃은 행복을 추구하는 사람들의 필요에 의해 미적 감각을 선도하며 끊임없이 개량되고 있다. 이전에는 상상 속에서만 존재했던 무지개꽃, 야광꽃, 보존화 등 가공화로도 다양한 변신을 꾀하고 있다. 아름다움을 추구하는 사람들의 욕구가 꽃을 통해 다양한 방향으로 실현되고 있는 것이다.

이제 꽃은 향기를 맡고, 보고, 즐기는 데서 한걸음 더 나아가 음식, 꽃차, 화장품, 치료 보조제 등, 다양한 방면에서 쓰이고 있다. 특히 식물 오일은 고대부터 건강과 기분을 향상시키기 위해 사용되어 왔다.

아로마테라피는 꽃이나 나무 등, 식물의 향기를 일상생활 속에 끌어들여 건강과 미용을 증진시키고, 스트레스를 해소하며 휴식을 취할 수 있도록 해준다. 최근 들어 건강 증진을 위해 다양한 방식으로 그 사용 범위가 늘어나고 있는 추세이다. 아로마테라피에 많이 사용되고 있는 향으로는 장미, 라벤더, 페퍼민트, 유칼립투스, 레몬, 티트리, 오렌지, 로즈마리 등이 있다.

원예치료도 사람들의 관심을 끌고 있다. 원예치료는 식물을 이용해 사회적·정서적·신체적 장애를 겪고 있는 이들의 육체적 재활과 정신적 회복을 위한 치료 활동을 뜻한다. 씨를 뿌리고, 정성을 다해 가꾸며 그 결과로 활짝 핀 꽃을 보며 느끼는 기쁨과 희열을 치료 목적에 이용하는 것이다.

원예치료에는 정원 가꾸기, 식물 재배하기, 꽃을 이용한 작품 활동 등이 포함되어 있으며, 원예치료를 실제 치매환자들의 중요한 치료 수단으로 이용하고 있는 병원도 있다.

옥상 정원

실내 정원

✿ 건강한 공간

새로 지은 집에 이사하게 되면 건축자재에서 배출되는 각종 휘발성유기화합물VOCs 때문에 눈이 따갑고 호흡기 질환을 앓는 등, 다양한 새집증후군을 경험하게 된다. 새집증후군 원인 물질로는 포름알데이드, 자일렌, 톨루엔, 일산화탄소, 미세먼지 등이 포함되어 있으며, 우리나라에서는 환경부 실내공기질관리법으로 규제를 하고 있다. 그런데 식물의 공기 정화 능력은 참으로 탁월해서 이런 오염물질들을 생존을 위한 광합성 과정을 통해 양분으로 이용한다.

식물은 두 가지 방식으로 실내 공기를 맑게 만들어준다. 첫째는 주로 흡입에 의한 것인데, 식물은 실내의 다양한 휘발성유기물이나 이산화탄소를 잎을 통해 흡수한다. 두 번째는 배출에 의한 것이다. 잎은 증산활동이나 기공 개폐 활동을 한다. 기공이 열릴 때 산소가 나오고, 증산을 통해 체내 수분이 밖으로 배출될 때 음이온이 함께 나와 실내를 숲과 같은 환경이 되도록 해준다.

특정 오염물질들을 흡수하는 능력은 식물에 따라 상당한 차이가 있다. 그러므로 식물마다 각기 다른 흡수 특성을 잘 활용하면 새집증후군을 크게 줄일 수 있다.

농촌진흥청 국립원예특작과학원에서 연구했는데, 아레카야자, 네프로레피스, 자금우는 거실에서 발생하는 포름알데히드 가스를 잘 흡수하고, 덩굴식물인 스킨답서스는 주방 가스렌지에서 나오는 일산화탄소를 잘 흡수한다는 결론을 얻었다. 이 식물들은 새집증후군을 줄여주는 능력이 탁월하다.

침실에는 선인장이나 팔레놉시스, 다육식물CAM 식물 같은 화초는 침실에 두면 좋다. 이 식물들은 밤에 이산화탄소를 흡수해 저장하고 낮에 광합성을 하는 능력을 갖고 있기 때문에 야간에 실내의 이산화탄소를 없애준다. 실내에서 가꿀 수 있는 다육식물로 비모란, 산취, 산세베리아, 카랑코에, 바위솔, 염좌가 있다. 이 식물들은 햇빛을 좋아한다.

자녀들의 공부방에 로즈마리 같은 허브를 두면 정서적인

안정은 물론 집중력도 높아진다. 컴퓨터를 장시간 사용하다 보면 종종 안구건조 증상이 나타나곤 하는데, 이럴 때 가까이 있는 녹색식물들을 몇 번 바라보기만 해도 그런 증상이 다소 완화된다. 식물은 이처럼 공기를 정화시켜 건강한 공간을 만들어 줄뿐만이 아니라, 가족이 화합할 수 있도록 해주는 놀라운 능력을 갖고 있다.

농경시대에는 사람들이 서로 품앗이를 해주며 함께 어울려 농사를 짓고, 사냥을 하며 지냈다. 그러나 현대인들은 기계의 도움을 받으며 점차 혼자 일하는 시간이 늘어나고 있는 추세이다. 게다가 첨단의 전자기기가 생활화 되면서 삶은 빠른 속도로 개인화가 가속화 되고 있다.

가족 구성원이 다함께 모이는 것조차 쉽지 않으며, 가족이 함께 있다 하더라도 공통의 관심사를 찾아 부드러운 대화를 나누는 것조차 쉽지 않다. 그러다 보니 각자 컴퓨터나 스마트폰에 빠져 있는 시간이 길어져 분위기가 냉랭한 때가 많다. 어쩌다 식사시간에 잠깐 얼굴을 보게 되는데, 그럴 경우 식탁 위에 작은 화분이나 꽃이 놓여 있으면 분위기가 훨씬 부드러워진다.

꽃을 싫어하는 사람은 없다. 사람은 누구나 아름다운 것과 가까이 하고 싶고, 아름다움을 추구하는 선한 마음이 있기 때문이다. 식물은 향기와 빛깔과 자태로 사람들의 스트레스를 줄여주므로 꽃을 바라보고 있으면 미소를 짓게 된다. 꽃을 매개로 가족이 동질감을 갖게 되고 공동체 의식을 회복할 수 있다면 더없이 좋은 일이다.

이뿐만이 아니다. 식물에는 음식의 신선도를 유지할 수 있게 해주는 성분이 들어 있다. 특히 측백나무 잎과 열매, 줄기에 들어있는 폴리페놀은 음식의 산화를 억제해준다.

폴리페놀은 식물에서 발견되는 화학물질로 그 종류가 수천 가지이다. 녹차에 든 카테킨, 포도주의 레스베라트롤, 사과와 양파의 쿼세틴, 과일에 많이 들어있는 플라보노이드와 콩에 많이 들어있는 이소플라본도 폴리페놀의 일종이다.

폴리페놀은 우리 몸에 해로운 활성 산소를 해가 없는 물질로 바꾸어 주는 항산화 작용으로 노화를 방지한다. 특히 DNA, 세포 구성 단백질과 효소를 보호하는 기능이 뛰어나 다양한 질병으로부터 우리를 지켜준다. 식용꽃으로 쓰이는 팬지, 한련화, 금잔화, 금어초, 진달래, 국화, 장미, 세라늄, 베고니아, 다알리아, 덴파레, 프리뮬라, 패랭이꽃, 데이지와 허브식물 중에는 항산화 물질을 분비하는 식물이 많다.

공기 정화 식물 실내 공간별 배치도

• 침실 : 야간에 일산화탄소를 없애준다. - 선인장, 호접란, 다육식물.

선인장   호접란   다육식물

• 주방 : 일산화탄소를 없애준다. - 스킨답서스, 아펠란드라, 산호수.

스킨답서스   아펠란드라   산호수

• 화장실 : 암모니아 냄새를 없애준다. - 안스리움, 테이블야자, 관음죽, 스파티필럼.

안스리움   테이블야자   관음죽

• 발코니 : 분진을 없애준다. 햇볕을 좋아하는 식물이다. - 베고니아, 분화국화, 시클라멘, 팔손이나무, 허브류.

| 베고니아 | 분화국화 | 허브류 |

• 거실 : 포름알데히드 등 휘발성 유해물질를 없애준다. - 아레카야자, 피닉스야자, 세이브 리찌야자, 드라세나, 인도고무나무, 보스톤고사리, 산호수 등

| 이레카자야 | 피닉스야자 | 인도고무나무 |

• 공부방 : 음이온을 방출시켜 기억력을 향상시키는데 도움이 된다. - 필로덴드론, 팔손이나무, 로즈마리, 파키라.

| 필로덴드론 | 팔손이나무 | 로즈마리 |

식용꽃과 허브

팬지   한련화   금잔화

스토크   진달래   국화

장미   제라늄   베고니아

다알리아   덴파레   프라뮬라

패랭이꽃 · 샤스타 데이지 · 로즈마리

바질 · 캐모마일 · 헬리오트로프

벨가못 · 딜 · 라벤다

에키나시아 · 핫립세이지 · 타임

2부
❋
꽃이 알려주는 삶의 지혜

꽃처럼 산다는 것

  지구상에 존재하는 모든 식물들은 자신만의 고유한 특징을 갖고 있다. 장미는 아름다운 자태와 향기로, 할미꽃은 붉은 자줏빛 솜털과 부드러움으로, 호박은 큰 꽃과 맛있는 과실로 우리를 감동시킨다. 꽃 피는 식물 25만 가지 중에서 똑같은 것은 하나도 없다. 이처럼 모든 종이 자기만의 독특한 특성을 지니고 살아간다.

  꽃처럼 살아가려면,

  첫째, 다른 사람과 비교할 수 없는 나만의 빛깔과 향기, 특성이 있어야 한다. 지구 위에서 살아가고 있는 수백만 종의 식물들은 다들 자기 고유의 모습과 향기를 지니고 있으며 나름대로의 생존전략을 갖고 있다.

둘째, 이웃을 돕고 배려할 줄 알아야 한다. 꽃은, 곤충과 다양한 식물들과 사람들의 생존을 위해 향기로, 꿀로, 열매로 때로는 환경을 조절하고 공기를 정화해 주변에서 살아가는 생물들에게 도움을 준다. 이처럼 자신의 배려와 봉사로 주변이 행복해지고 세상이 밝아진다면 꽃처럼 사는 것이다.

셋째, 더불어 살아갈 줄 알아야 한다. 자연 속에서 야생화들은 같은 종류끼리, 또는 다른 종들과 군락을 이루어 살아간다. 얼레지도 물가에서 군락을 이루고 살며, 관중고사리는 속새랑 음습지에서 처지가 비슷한 식물들끼리 모여 산다. 들판의 코스모스도 홀로 피어 있으면 가벼운 바람에도 쓰러지지만 군락을 이루고 있으면 웬만한 강풍에도 끄떡없다.

인간은 사회적 동물이라 누군가와 함께 어울려 살도록 되어 있는 존재다. 이웃과 어울려 살지 못하면 행복할 수가 없다. 흔히 풍수지리에서 배산임수背山臨水, 전저후고前低後高, 전착후관前窄後寬이 좋은 자리라고 하지만 행복한 삶을 위해서는 이웃이 어떤 사람인지가 풍수지리보다 훨씬 더 중요하다. 아무리 풍수지리가 좋은 터라 하더라도 가까이에 좋지 못한 사람이 살고 있으면 행복한 삶을 살 수 없기 때문이다. 그러므로 내가 먼저 좋은 이웃이 되어야 한다.

자신이 갖고 있는 향기를 잃지 않고, 이웃에게 기쁨을 주며 더불어 사는 삶, 이것이 바로 꽃처럼 사는 삶이 아닐까.

얼레지가 좋아하는 토양, 광선, 수분 등을 갖춘 생태환경에서 군락을 이루어 함께 살아가고 있다.

관중

속새

함께 군락을 이루고 있는 관중과 속새

❀ 나눔과 조화를 안다

식물은 광합성을 통해 생명현상을 지속한다. 잎에 있는 엽록소가 태양에너지와 물을 이용해 공기 중에 있는 CO_2를 포도당으로 만들어 생장을 계속하게 되는 것이다. CO_2와 빛과 물, 셋 중 어느 하나라도 없으면 식물은 정상적으로 자랄 수가 없다. 특히 빛은 엽록소chlorophyll가 있는 생물의 생존에 필수적인 에너지원으로 작용한다.

식물의 잎이나 줄기들을 한번 살펴보자. 나 혼자 햇빛을 다 차지하겠다고 싸우거나, 다른 잎이나 줄기를 덮어 혼자 독차지 하는 잎을 찾아보기 어렵다. 마주 나거나 어긋나게 돋아난 잎들은 다른 잎들도 골고루 햇볕을 받을 수 있도록 배려하며 자란다.

여러 개체들이 군락을 이루고 있을 때도 마찬가지다. 상대방이 빛을 충분히 받을 수 있도록 적당히 거리를 유지하며 어울려 산다. 이른 봄에 어린 잎이 나는 조팝나무, 개나리, 찔레가 그렇고, 멀꿀나무나 사철나무, 으름덩굴 등 다양하게 갈라져 나오는 잎들 또한 그렇다. 자귀나무, 미모사 잎은 정확히 마주 돋아난다. 햇볕을 양쪽에서 나눠 쓰는 전략이 얼마나 훌륭한지 모른다.

자주 숲을 찾아가 들여다보자. 이른 봄이면, 하늘을 덮을 듯한 큰 나무들이 야생화가 피어나 씨앗을 맺을 때까지 잎을 내지 않고 묵묵히 기다려주고 있는 모습을 흔히 볼 수 있다.

그러다가 바닥의 풀들이 꽃을 피우고 씨앗을 웬만큼 맺고 나면, 그때부터 큰 나무들은 슬슬 몸을 풀고 어린 잎을 내어 자신의 생장을 시작한다. 큰 나무들이 이처럼 키 작은 풀들에게도 빛이 흠뻑 닿을 수 있도록 기다려주어, 함께 잘 살아간다는 게 어떤 걸 뜻하는지 보여주고 있다.

행복의 참 가치를 아는 사람들도 이러한 방식의 삶을 선택한다. 나누고 배려하며 조화롭게 살아가는 일이 참으로 가치 있고 소중한 일이며 그 기쁨이 얼마나 큰 지 잘 알고 있기 때문이다. 더불어 살아가면서 조화를 이루는 삶은 우리가 자연의 식물들로부터 배워야 할 덕목이다.

건강한 생태계의 모습. 꿩의바람꽃들이 마음껏 꽃을 피우고 씨앗을 맺을
수 있도록 나무들은 잎을 내지 않고 기다려 준다.

자귀나무 잎, 정확하 자귀나무 잎과 열매 멀꿀나무의 잎, 다섯
게 마주나 있다. 개의 잎사귀가 햇볕을
골고루 받고 있다.

❀ 눈높이를 맞춰야 참모습이 보인다

야생의 꽃들은 화려하지 않다. 그러나 자기 나름대로 아름다운 자태와 빛깔과 향기를 지니고 있다. 야생화들을 들여다보면 하늘을 향해 피는 꽃도 많지만, 할미꽃, 은방울꽃, 수선화, 현호색처럼 고개를 숙인 채 옆이나 아래쪽을 바라보며 피는 꽃들도 많다.

아는 게 많을수록 고개를 숙이는 겸손한 사람을 닮았다고나 할까. 이러한 모습으로 피어있는 꽃들은, 꽃 핀 각도에 맞춰 눈높이를 낮추는 사람에게만 자신의 속 모습인 꽃잎, 수술, 암술을 보여준다.

사람 눈높이에서 할미꽃이나 은방울꽃을 바라보면, 눈에 잘 띄지도 않고, 구부러진 꽃 목이나 줄기밖에 보이지 않는다.

구슬붕이, 봄맞이꽃, 꽃마리는 꽃들이 더 작다. 하도 작아서 세심하게 살펴보지 않으면 못 본 채 그냥 지나치게 된다. 하지만 자세를 낮추고 천천히 걸으며 살펴보는 사람들에게는 귀엽고 섬세한 아름다움을 아낌없이 보여준다.

남산제비꽃은 꽃에서 그윽한 분 냄새를 닮은 향기가 난다. 이 향기는 멀리 퍼지지 않아 꽃 가까이 다가서야 그 고운 향내를 맡을 수 있다. 그러니 멀찌감치 서서 물끄러미 바라보는 사람들은 그 향기를 결코 맡을 수 없다.

우리가 살아가는 세상도 마찬가지다. 상대방과 눈높이를 맞출 때 소통이 비로소 시작된다. 어린 자녀와 대화를 나누려고 하며 '내가 네 나이 때는…' 이렇게 시작한다면 자녀 입장에서는 부모가 또 잔소리를 하려 한다고 느껴질 수밖에 없다. 자녀들의 얘기에 먼저 귀를 기울이고 자녀 입장에서 생각하려고 노력할 때 비로소 공감대가 형성된다.

서 너 살 먹은 자녀가 아장아장 걷는 모습이 예뻐 사진을 찍는 부모를 종종 보게 된다. 아기 눈높이에서 사진을 찍으면 웃거나, 놀라거나, 찌푸린 아기 얼굴 표정을 제대로 보여주는 멋진 사진을 찍을 수 있을 텐데, 어른 눈높이에서 내려다보며 사진을 찍는 경우 볼품없는 사진이 되고 만다.

사업 파트너와의 협상이나 부부, 친구, 회사 동료와 대화를 나눌 때도 마찬가지다. 상대방의 입장이 되어 귀를 기울이면 이제까지 보지 못했던 것을 이해할 수 있게 될 것이다.

　　살면서 눈높이 맞출 일이 어디 꽃 볼 때 뿐일까. 꽃의 눈높이에 맞춰 몸을 낮추고 꽃을 한번 바라보자. 그렇게 이웃들도 바라보자. 내 삶의 자세가 달라지고 세상을 바라보는 기준이 달라질 것이다.

봄맞이꽃, 직경 1cm 이하의 자잘한 꽃들이 초봄에 땅바닥에서 보석처럼 반짝이고 있다.

남산제비꽃, 꽃 가까이 다가가야 향기를 맡을 수 있다.

수선화, 고개 숙여 꽃을 피운다.

할미꽃, 눈높이를 낮추면 이런 모습을 볼 수 있다.

은방울꽃, 바닥에 납작 엎드려야 이런 모습을 볼 수 있다.

❋ 보이지 않는 것이 더 중요하다

태풍 곤파스가 한반도를 강타한 뒤에 확인해보니, 안면도 등 서부지역에 있던 대형 소나무들과 광릉 숲에 있던 백년 넘은 전나무들이 많이 쓰러져 있었다. 태풍이 지나가는 길목에 자리 잡고 있다 보니 강한 바람을 직접 맞닥뜨리게 된 탓이지만, 방향과 상관없이 너무나 광범위하게 많은 나무들이 넘어진 것이다.

넘어진 나무들을 보니 뿌리가 문제였다. 눈에 보이는 키나 줄기, 덩치에 비해 뿌리가 그렇게 허접할 수 없었다. 특히 쓰러진 전나무 고목은 키는 30m가량 되는데 뿌리는 두께가 채 50cm도 되지 않아 보였다. 뿌리가 이렇게 약하니 쓰러지지 않을 수가 있었겠는가.

숲에 있는 큰 나무들은 워낙 빼곡히 들어차 있어서 햇빛을 보느라 위로 웃자란 영향도 있겠지만, 심어진 곳을 보니 대부분 습기가 많아 아래로 깊이 뿌리를 뻗을 수 없는 곳이었다.

대나무, 섬초롱꽃, 금불초, 억새, 민들레처럼 줄기가 땅속에 자리잡고 있는 것들은 대개 심근성으로, 뿌리가 땅속 깊이 뻗어가는 성질을 갖고 있다. 땅속줄기로 번식하기 때문에 아무리 뽑아도 다 뽑히지 않고 그 자리에서 버텨낸다.

건강한 대나무숲은 땅속뿌리가 깊고 넓게 퍼지면서 매트를 형성하고 있고 꽃대 또한 유연해서 태풍이 불어도 넘어지지 않고 견딘다. 이처럼 뿌리들이 수직으로 자라거나 심근성深根性인 것, 또는 서로 엉켜서 매트를 형성하고 있는 것들은 좀처럼 자빠지거나 뽑히지 않는다.

하지만 전나무, 백양나무, 사시나무, 아까시나무, 두릅나무와 같은 천근성淺根性 식물들은, 심근성 식물들과는 달리 뿌리가 지표면 근처에 얕게 퍼지며 자라기 때문에 쉽게 쓰러진다. 게다가 심은 곳이 물이 잘 빠지지 않는 습한 곳이라면 뿌리를 깊이 내릴 수가 없다. 그래서 무게중심을 이기지 못할 만큼 크게 자라면 쓰러지게 된다. 뿌리가 건강해야 줄기와 잎이 튼튼하고 꽃도 탐스럽게 핀다.

우리는 사람의 겉모습만 보고 '멋지다', '잘생겼다'고 평가한다. 그 사람의 진정한 가치는 내면에 있는데도 말이다. 얘기를 나누다보면 내면의 세계가 조금씩 드러나게 마련이지만, 아주 가까운 사이가 아니면 속 깊은 얘기를 나누지 않기 때문에 제대로 그 깊이를 가늠하기 어렵다. 사람을 평가한다는 것은 이처럼 쉽지 않은 일이다.

사람이든 나무든 눈에 보이는 게 다가 아니다. 눈에 보이지 않는 내면의 것들이 훨씬 더 중요하다. 그리고 뿌리가 건강해야 아름답게 꽃을 피운다. 눈에 보이지는 않지만, 식물은 흙속에 뿌리를 박고 살기 때문에 무엇보다 흙이 건강해야 한다.

쓰러진 전나무 고목

뿌리가 건강해야 꽃이 아름답게 핀다.

건강한 대나무숲

건강한 전나무 숲, 극양수답게 햇빛을 보려고 하늘을 향해 치솟고 있다.

✳ 건강한 생태계는 다양하다

어느 해 봄인가 서해 풍도에 야생화 사진을 찍으러 갔을 때였다. 그곳에서 느낀 첫 인상은, 생태계가 참으로 건강해 보인다는 것이었다.

건강한 생태계는 수목의 천이가 자연스레 이루어진다. 그리고 낙엽수와 침엽수가 적절히 섞여 있으며, 큰 나무 아래에는 다양한 초본류들이 땅 가까이 자리 잡고 자연스레 어울려 살아간다. 이처럼 건강한 생태계는 다양성이 생명이다.

풍도에서 제일 먼저 눈길을 끈 것은 복수초 군락이었다. 키 큰 낙엽수들 아래 노란 꽃들이 대군락을 이루며 펴있는 모습은 그야말로 장관이었다. 노루귀도 관목 밑에서 흰색, 청색, 분홍색 등 다양한 개체들이 군락을 이루어 점차 세력을 넓혀가고 있었다.

변산바람꽃도 엄청났다. 식물학자들이 변산바람꽃을 풍도에서 먼저 봤더라면 당연히 풍도바람꽃이라 명명하지 않았을까 싶을 정도로 여기저기 군락을 이루어 넓게 분포되어 있었다. 꿩의바람꽃, 현호색 등 비슷한 시기에 피는 야생화들도 아름다움을 한껏 드러내고 있었다.

이처럼 야생화들이 맘껏 자랄 수 있는 것은, 그 근처에 뿌리를 내리고 있는 키 큰 낙엽수들의 배려가 있기 때문이다. 나무들은 이른 봄날 땅 근처에서 자라는 야생화들이 햇볕을 충분히 받으며 꽃을 피우고 열매를 맺을 수 있도록 잎을 내지 않고 기다린다. 그러다가 5월이 들어서면서 서서히 잎을 내어 그늘을 만들어 초본류들이 시원하게 자랄 수 있게 해준다.

풍도의 생태계가 건강하게 다양성을 유지할 수 있었던 것은, 그동안 풍도가 외지인들에게 많이 알려져 있지 않았던 것도 한 몫을 했다고 생각한다. 섬을 찾는 사람들은 자연과 식물이 사람들 등쌀에 몸살을 앓지 않도록 보다 더 섬세하게 배려해야 할 것이다.

인위적인 손길이 많이 닿지 않은 상태에서 다양한 식물들이 어울려 살아가고 있는 건강한 생태계는, 바라보는 것만으로도 사람을 행복하게 만들어준다.

　사람이 살아가는 세상도 마찬가지이다. 수평적인 관계 속에서 서로 다른 의견을 존중하고 배려하는 조직은 다양한 아이디어로 늘 활기차며 창의적일 수밖에 없다. 한 두 사람의 관리자에 의해 '맞다' 아니면 '틀리다'로 판단하고 명령하는 수직적인 조직 속에서 신선한 아이디어가 나올 수가 있겠는가. 서로 '다르다'는 것을 인정할 수만 있어도 선택의 폭은 몇 배나 더 커지게 된다. 다양함을 인정하는 사회는 풍도의 생태계처럼 자유롭고, 자연스럽다.

대형 낙엽수들과 관목 숲 아래 다양한 야생화들이 꽃을 피우고 있는 건강한 생태계

꿩의바람꽃과 복수초가 각각 군락을 이루고 사이좋게 살아가고 있다.

변산바람꽃

꿩의바람꽃

노루귀 분홍꽃과 흰 꽃, 포기가 점차 커지며 군락을 이루게 된다.

✽ 꽃 피면 열매 맺는다

지구상에는 수백만 종류의 식물이 있으며 그 중에 꽃이 피는 식물은 25만 가지쯤 된다. 그리고 식물은 꽃이 피고 나면 자신의 유전형질을 빼닮은 열매를 맺는다. 우리나라의 산과 들에서 피고 지는 야생화도 마찬가지이다. 여름이나 가을에 씨앗이 땅에 떨어진 후, 싹이 나기에 적합한 환경이 갖춰지면 발아가 시작되고 잎과 줄기가 자라면서 다시 꽃을 피운다.

꽃은 여러 방화곤충들의 도움으로 꽃가루를 건네받으면 수정이 이루어져 씨방 깊숙이 씨앗이 생긴다. 이런 일련의 과정은 꽃들에게 결코 만만치 않은 일이다. 지구온난화, 새로운 돌발 병해충의 출현 등으로 살아남기 어려운 자연 환경 속에서 무사히 후대를 생산해야 비로소 꽃은 임무를 마치게 된다.

즉, 꽃을 피우고 성공적으로 수정이 되어 그 결과물인 열매를 제대로 맺어야 성공한 삶을 살았다고 할 수 있다.

한여름에 노랗게 핀 호박꽃은 맛있는 호박을 만들고, 작고 흰 고추 꽃은 크고 싱싱한 고추를 만들며, 노란 방울토마토 꽃은 빨간 방울토마토를 줄줄이 매달게 된다. 필자가 살고 있는 내장산 꽃담원에도 범부채, 구절초, 매발톱꽃, 풍선덩굴 등이 그렇게 한 해를 살아간다. 제철에는 열심히 꽃을 피우고 여름과 가을엔 자신을 꼭 닮은 인자를 가진 열매를 충실하게 매단다.

나무들도 마찬가지다. 이른 여름 특이한 냄새를 풍기는 밤꽃은 가을에 알밤을 품고, 하얀 꽃잎이 눈부신 산딸나무는 여름철에 시원한 그늘을 만들어주다가 가을이 오면 딸기를 닮은 빨간 열매를 맺는다. 작지만 줄줄이 피어나는 분홍빛 꽃으로 존재감을 드러내는 좀작살나무도 가을이면 보라색 열매를 맺는다.

꽃이 피면 열매인 씨앗를 맺는 것은 자연의 당연한 이치이다. 그러니 '꽃처럼 산다'는 말 속에는 삶이 시작되었으면 결과물인 열매를 잘 맺어야 한다는 뜻도 포함되어 있다.

사람은 소년기, 청년기, 장년기를 거치며 그 시기에 맞는

꿈과 희망을 갖는다. 그리고 보다 나은 내일을 꿈꾸며 그 꿈을 실현하기 위해 최선을 다해 살아간다. 꽃처럼 향기롭고 아름다운 삶을 살다가 탐스런 열매를 맺기 위해 우리는 지금 어떤 꿈을 꾸고 있는 것일까. 꿈을 꾸며 꽃을 피우지만, 씨앗을 맺지 못하면 삶의 한살이는 참으로 덧없이 끝나고 만다.

꿈을 실현시키기 위해서는 무엇을 어떻게 해야 하는 걸까. 꿈만 꾸고 실행에 옮기지 못한다면, 노란 꽃을 피우고 맛있는 과실을 키워내는 호박만도 못하다는 핀잔을 들을 수밖에 없다. 꽃이 피면 열매를 맺듯이, 목표를 향해 나가가기 시작했다면, 그 성과가 있어야 한다. 꽃처럼 산다는 것은 참으로 만만치 않은 일이다.

화초용 호박으로 만든 박 터널, 여름철에 시원한 그늘을 만들어준다.

여름철 향기로운 꽃이 피는 술패랭이, 꽃이 지면 까만 열매를 맺는다.

산딸나무 하얀 꽃이 지면 딸기를 닮은 빨간 열매가 열린다.

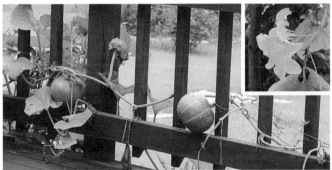

노란 호박꽃이 지면 그 자리에 호박이 열린다.

✿ 역경이 명품을 만든다

수락산이나 도봉산을 오르다 보면 암벽을 많이 만나게 된다. 그런 암벽 틈에서 자라는 소나무를 보면, 한결같이 값을 매기기 어려울 만큼 수형이 빼어나다. 우람하게 키가 크고 곧게 자라는 대신 수형이 좌우로 적당히 분산되어 있으면서 자태가 빼어나 전형적인 조형 소나무 모습을 갖추고 있다. 산 정상의 능선에서 자라는 소나무들도 마찬가지다. 하나같이 키는 작지만 짜임새 있는 근육질 몸매를 자랑한다.

왜 그런 걸까? 식물의 세계에서도 역시 척박한 환경과 역경이 명품을 만들기 때문이다. 암벽에 떨어진 솔 씨는, 어쩌다 보니 흙이라고는 거의 없는 곳에서 싹을 틔우게 되었을 것이다. 그리고 비가 온다 하더라도 빗물에 흙이 금방 씻겨 내려가 도저히 정상적으로 자랄 수 없게 되자, 자구책을 강구하게 되었을 것이다. 어떻게든 살아남아야 한다며 삶의 목표를 생장이 아닌 생존에 초점을 맞춘 것이다. 이처럼 최대한 뿌리를 넓게 뻗고 키가 자라는 걸 포기하고 양분이 손실되지 않도록 애쓰다 보니 골격이 치밀해질 수밖에 없다.

능선에서 자라는 다른 나무들도 마찬가지다. 거친 풍파를 견뎌내기 위해서는 키가 큰 것보다 땅 가까이 몸을 낮추는 것이 훨씬 유리하므로 다들 자세를 바짝 낮추고 자란다. 평야지대의 거름기 많은 옥토에서 자랐다면 결코 이런 명품이 나올 수 없었을 것이다.

사람도 마찬가지다. 부유한 집안에서 태어나 경제적인 어려움을 모르고 자라면 세상에 대한 적응력이 부족할 수밖에 없고 어려움에 처했을 때 대응력이 현저히 낮다. 어려움을 경험해 보지 않았기 때문이다. 이런 경우 부모 삶의 연장선에 얹혀사는 경우가 많다. 덩치는 어른이더라도 정서적으로는 자신의 문제를 스스로 해결할 능력이 없는 미성숙한 상태인 것이다.

그러나 어려운 환경을 딛고 성장한 사람들은 다르다. 숱한 어려움을 참고 견뎌내어 온 터라 웬만한 어려움은 거의 동요

하지 않고 이겨낸다. 사람은 위기를 겪고 나면 자아실현의 욕구가 커지게 되고 그만큼 역량도 양적 질적으로 커지게 된다.

그래서 부유한 집이라 하더라도 열린 사고를 할 줄 아는 부모는 자녀를 빨리 세상에 내보내어 자생력을 가질 수 있게 해준다. 나의 삶이 아니라 내 자녀의 삶이기 때문이다. 이처럼 삶의 위기는 자신을 돌아보고 재도약할 수 있는 기회를 갖게 해준다.

한번뿐인 삶인데 부모로부터 온갖 혜택을 다 물려받기보다 오롯이 내 힘으로 삶을 살아가는 게 옳다. 그래야 내 삶이지 않겠는가.

높은 산 정상 부근에서 살고 있는 나무들. 비바람을 견디기 위해 키가 작고 치밀한 수형을 이루고 있다.

싹을 틔우게 되면 온 힘을 다해 처해진 환경에 적응하며 살아간다.

어쩌다 수락산 바위 틈에 떨어진 소나무 씨앗이 건조함과 바람을 견디며
명품 소나무가 되었다.

✿ 묵은 껍질을 벗겨낼 줄 안다

봄이 오면 새순이 나오는 쪽동백나무 가지를 살펴보자.

지난해에 가지를 싸고 있던 껍질이 완전히 찢어져 벗겨져야 새 꽃눈을 틔우게 된다. 꽃눈이 생긴다는 것은 나무가 질적인 성장을 시작한다는 것이며 영양생장에서 생식생장으로 넘어가는 첫 단계라 할 수 있다.

영양생장은 식물의 기본 골격이 커지는 생장으로 잎이나 줄기가 자라며 주로 양적으로 성장하는 것이다. 생식생장은 꽃이 피고 열매를 맺는 생장으로 유전자가 재조합 되기도 하면서 질적인 변화를 수반한다.

쪽동백나무 가지는 나이가 들었다고 어른 가지가 되는 게 아니라, 껍질이 벗겨지는 아픔을 견뎌내야 어른이 된다는 걸 잘 보여주고 있다. 이런 시련의 시기를 한번 거치고 나면, 그 뒤부터는 껍질이 벗겨지지 않아도 꽃눈을 틔울 수 있다. 즉, 이미 성년이 되어 목질화 된 어른 가지는 껍질이 벗겨지는 현상이 나타나지 않는다. 혹독한 성인식을 치르며 어른이 되고 나면 그 후의 삶은 평탄하게 이어지는 셈이다.

혁신革新이란 단어가 있다. 말 그대로 가죽을 벗겨내어 새살이 돋아나게 한다는 뜻이다. 새롭게 만들어 거듭나게 한다는 것인데, 어찌 보면 참으로 무서운 단어이기도 하다.

우리도 청년기로 접어들며 혁신의 시기를 맞이하게 된다. 미래는 보장되지 않고, 경험의 총량은 절대 부족한 질풍노도의 시기. 미성년자였던 내가 나 자신을 책임질 줄 아는 진정한 어른이 되기 위해 나 역시 여러 가지 혹독한 아픔을 이겨내야 했던 것으로 기억한다. 그러한 시련을 경험해보지 않았더라면 진정한 어른이 되기 어렵지 않았을까 싶다.

여름에 물 위에서 아름답게 피어나는 수련을 본 적이 있을 것이다. 수련은 잎이 나있다고 해서 그냥 꽃이 피는 게 아니다. 꽃이 피려면 유년기를 제대로 거쳐야 하는데 그건 잎의 숫자로 알아낼 수 있다.

실험 결과, 수련은 잎이 22장 이상 되어야 꽃을 만들 수 있는 능력을 가지게 된다고 한다. 앵초도 그렇고, 섬초롱꽃도 그렇다. 많은 식물들이 어느 정도 양적 생장영양생장을 해야 질적 성장생식생장인 꽃눈을 분화할 수 있게 되는 것이다.

길을 가다 보면 종종 '혁신하자'는 슬로건이 눈에 띈다. 혁신은 문제점을 잘 아는 내부로부터 이뤄져야 제대로 할 수 있다. 세상에 뿌리를 단단히 내리고 살아가려면, 쪽동백나무처럼 변화를 두려워 말고, 스스로 혁신을 해야 하는 것이다.

쪽동백나무 가지

쪽동백나무 꽃, 껍질을 찢는 고통을 겪고 나온 꽃송이가 탐스럽다.

✿ 시간 관리를 잘한다

우리나라 기후는 사계절이 뚜렷하다. 그래서 식물들도 계절에 맞춰 새싹이 돋아나고 꽃이 피고 열매를 맺는다. 우리나라는 온대지역이라 열대지역과는 달리 대부분의 자생식물들이 일 년 내내 계속 자라지는 않는다.

식물도 겨울엔 너무 추워서 쉬고, 여름엔 너무 더워서 쉰다. 늘 푸른 상록성인 소나무나 향나무도 11월이 되면 잎갈이를 시작하며 한겨울이면 준 휴면상태에 접어든다.

복수초福壽草는 장수를 기원하는 야생화로 어르신들께 선물로 드리기 좋은 우리나라 자생식물이다. 봄에 피는 야생화 중에서 가장 먼저 우리에게 봄이 왔다는 것을 알려주는 부지런한 꽃으로 추위에 아주 강하다. 하얀 눈 속에 핀 노란 복수초

꽃은 사진 전문가들의 눈길을 사로잡아, 야생화 사진 모음집에서 흔히 마주치게 된다.

복수초는 빠르면 2월, 대개 3~4월에 노란 꽃을 피우고 바로 잎이 자라며, 5월초가 되면 꽃이 폈던 자리에 열매를 맺는다. 꽃이 진 뒤에도 부지런히 자라는 잎들은 5월 하순이나 6월초에 내년에 필 꽃눈을 뿌리의 생장점에 만든다.

꽃눈의 분화가 완벽하게 끝나면 잎들은 서서히 활력을 잃고 마르기 시작해 6월 중순이면 거의 고사된 뒤 뿌리만 살아 시원한 땅속에서 여름잠하계휴면을 자기 시작한다. 그리고 여름 내내 자다가 시원해지는 가을에 잠깐 얼굴을 내밀었다가 11월이 되면 다시 겨울잠에 들어간다. 3~4개월 정도 일하고 일 년을 잘 사는 셈이니, 자연에서 시時테크를 잘 하며 살아간다고 할 수 있겠다.

복수초를 비롯하여 매미꽃, 노루귀, 깽깽이풀, 모데미풀 등, 이른 봄에 꽃이 피는 많은 야생화들이 복수초와 닮은 시간창조형 시테크 전략가들이다.

시간 관리란 참으로 중요하다. 시간을 얼마나 잘 관리하는지 몇 사람에게 같은 일을 시켜보면 금방 알 수 있다. 평균 3시간 정도 걸리는 일을 어떤 사람은 2시간 안에 끝내고 나머지 한 시간은 재충전을 위한 시간으로 쓴다. 이런 사람들을 '시간창조형'이라고 한다. 어떤 사람들은 3시간 걸려 겨우 끝낸다. 이런 사람들을 '시간소비형'이라고 한다. 또 어떤 이들은 6시간 이상 걸리기도 한다. 이런 사람들을 '시간파괴형'이라고 한다.

누구에게나 똑같이 주어지는 시간을 잘 관리한다는 것은, 자신이 원하는 목표에 쉬 다가갈 수 있는 지름길로 가고 있다는 것을 의미한다. 다양한 정보를 활용해 몰입하고 단시간 내에 마친 다음, 나머지 시간을 자신을 재충전하는데 쓴다면 누구에게나 인정받는 유능한 사람이 될 것이다.

복수초

모데미풀

깽깽이풀

노루귀

✽ 몰입하면 단단한 것도 뚫는다

어느 해인가 이른 봄날 하남 검단산에 일출도 볼 겸 야생화 탐사를 떠난 적이 있다. 헤드랜턴을 켜고 이른 새벽에 부지런히 올라가 장엄한 일출을 보고 내려오며 야생화 탐사를 시작했다. 쉽게 보기 어려운 앵초도 보고, 계곡 옆에서 노랑매미꽃, 현호색, 개별꽃도 보며 다양한 야생화들과 눈맞춤을 할 수 있었다.

그날 꽤 많은 야생화들과 눈인사를 했는데 바위틈에서 자라고 있는 앉은부채를 보고 놀라지 않을 수 없었다.(곰이 이른 봄에 뿌리를 캐먹고 묵은 변을 본다 하여 앉은부채를 '곰풀'이라고도 부른다.) 앉은부채 포기 가운데서 나오는 여려 보이는 어린 새잎이 두껍고 딱딱한 떡갈나무 잎 몇 장을 수

직으로 뚫고 나오고 있는 게 아닌가. 한 방울씩 떨어지는 낙수에 바위가 뚫린다더니! 어떤 일이든지 몰입하면 안 될 게 없구나 하는 걸 깨닫는 순간이었다.

요즘 자주 들먹이게 되는 주제가 소통과 몰입이다. 특히 연구자로 살며 전문 영역을 넓히고 깊이를 더하려면 그 분야에 몰입을 하지 않을 수 없다. 그리고 나의 전문성이 뛰어날수록 인접한 분야의 우수한 집단과 융합과 통섭을 시도할 수 있게 된다. 나 역시 내 관심 분야와 횡적으로 관련이 있는 다른 분야의 전문가들과 진솔하게 소통을 하며, 생각의 지평이 환히 열리는 놀라운 체험을 했던 기억이 새롭다.

긍정심리학의 창시자 중의 한 사람인 심리학자 칙센트 미하이는 몰입flow에 대해 이렇게 말하고 있다. '무엇인가에 흠뻑 빠져 있는 심리적 상태' 즉, '하고 있는 일에 심취해 무아지경의 상태에 빠져 있는 것'을 뜻한다. 칙센트 미하이는 이처럼 몰입했을 때 사람들은 '물 흐르는 것처럼 편안한 느낌' 또는 '하늘을 날아가는 자유로운 느낌'을 체험하게 된다고 했다.

몰입을 하면 몇 시간이 한 순간처럼 짧게 느껴진다. 시간 개념의 왜곡 현상이 일어나고 자신이 몰입하는 대상이 더 자세하고 뚜렷하게 보이기 때문이다. 몰입하는 대상과 하나가 된 듯한 일체감 그 자체가 즐거운 경험이 되는 것이다.

앉은부채가 자생하는 대군락

검단산에서 만난 피나물, 줄기를 자르면 유액이 피처럼 붉어서 이런 이름을 갖게 되었다.

개별꽃, 우리나라 산에서 비교적 흔히 볼 수 있는 꽃이다.

앉은부채에서 나온 어리고 연약한 잎이 두꺼운 떡갈나무 잎 네 장을 뚫고 나오고 있다.

검단산에서 만난 앵초, 잎이 솜털처럼 부드러우며 분홍빛 꽃이 야생의 보석처럼 곱다.

✿ 들고 날 때를 안다

　야생식물의 세계에서 봄의 주인공은 복수초, 할미꽃, 수선화, 앵초, 노루귀 등이다. 여름에는 원추리, 참나리, 인동, 큰꽃으아리, 수련이 주연이며, 가을의 주인공은 뻐꾹나리, 구절초, 꽃무릇, 억새, 용담, 감국이다. 겨울의 주인공도 있다. 남녘에 가면 날씨가 따뜻해 산국, 털머위, 수선화, 왕개쑥쟁이가 꽃을 피우며 많은 잎들이 초록빛으로 월동을 한다.

　건강한 자연 속에서는 봄에 피어야 할 할미꽃이나 복수초가 여름에 피지 않고, 한여름에 펴야 할 참나리는 봄이나 가을에 피지 않는다. 자연의 이치와 순리를 따르기 때문이다.

　봄에 꽃이 피는 야생화들은 이른 봄꽃을 피우기 위해 지난해 여름이나 가을에 꽃눈을 만든다. 그리고 겨울 동안 혹독한 추위를 견디며 꽃눈을 충실하게 단련시킨다. 여름에 피는 야생화들은 봄부터 양분을 축적해 낮의 길이가 12시간이 넘는 자연환경 속에서 꽃눈을 만들고, 기온이 올라가면 일제히 꽃을 피운다.

하지만 가을에 피는 꽃들은 봄부터 여름까지 충실하게 자라 낮의 길이가 짧아지는 가을에 꽃눈을 만들어 꽃을 피우게 된다. 이처럼 야생화들은 자연 환경에 적응하며, 순리에 따라 들고 날 때를 정확히 알고 있다.

내 삶의 주인공은 나 자신이다. 하지만 우리가 몸담고 있는 조직 속에서 내가 평생 주연일 수 없다. '새 술은 새 부대에 담아야' 하며, '박수칠 때 떠날 줄 알아야' 한다. 떠나야 할 때를 알아야 멋진 삶이다.

자연에 계절이 있고 식물들에게도 유년기, 성년기, 노화기가 있듯이 인생에도 핵심적인 몇 번의 성장단계가 있다. 한창 배워야 할 청년기, 전문가로써 완숙해지는 중장년기를 지나면 치열한 삶의 현장은 후배들에게 맡기고, 지켜보고 격려하며 조력자로써 삶을 살게 되는 날이 온다. 자연에서 오래도록 사는 식물들에 비하면 인생이란 그리 길지 않다. 때를 놓치지 않고 떠나는 뒷모습은 그래서 더욱 아름답다.

✳ 내리사랑

전북 금산사 경내에 심겨져 있는 산사나무는 수령이 백년을 훨씬 넘은 듯하다. 그런데 가지마다 붉은 열매를 잔뜩 달고 있는 것을 보니, 나무가 삶을 다 한 모양이다.

이처럼 대부분의 식물들은 수명을 다하게 되거나 살아가는 데 불리한 환경과 맞닥뜨리게 되면, 본능적으로 꽃을 피우고 열매 맺으며 후손을 만들기 시작한다. 자신의 종족을 보존하고자 하는 것은, 모든 생물종이 가지고 있는 고유의 특성이다.

식물은 꽃을 피우고 열매를 맺기 시작하면, 모든 양분을 잎이나 줄기에 보내지 않고 꽃과 열매에게 보낸다. 자신의 양적 성장보다 후손을 만드는 게 우선이라고 여기는 종족보존 본능 때문이다. 이것은 자연이 우리에게 가르쳐주는 내리

사랑 정신이기도 하다. 여성이 임신을 하게 되면 섭취한 양분이 태아에게 먼저 가게 된다. 심지어 치아와 뼛속에 있는 칼슘마저 태아에게 보내어진다. 그래서 출산을 경험한 여성들에게 골다공증이 많이 생긴다는 보고도 있다. 생물종으로써 여성들이 갖고 있는 위대한 역량이라 하겠다.

상사화, 우리는 이 꽃이 꽃과 잎이 서로 만날 수 없기 때문에 붙여진 이름이라는 정도만 알고 있다. 그런데 잎과 꽃이 자라는 걸 보면 참으로 눈물겹다.

상사화는 봄이 되면 잎이 먼저 맹렬하게 나온다. 잎은 모든 어미가 그렇듯이 햇볕을 받으며 자신이 자라는 한편, 후대를 위한 꽃눈이 만들어지도록 땅속에 있는 알뿌리에게 지속적으로 영양분을 보낸다.

알뿌리에 꽃눈이 다 만들어지면, 어미 잎들은 역할이 끝났다며 꽃눈들에게 자연스럽게 자리를 내어준다. 그리고 꽃들이 나오는데 방해가 되지 않도록 완전히 말라 사그라들어 흔적도 남기지 않는다. 그러면 땅속 알뿌리로부터 꽃대가 힘차게 솟아나오게 되는 것이다. 이것이 자연에서의 세대교체이고 순환이다.

네가 태어나서부터 보살펴줬고 이만큼 키워놨으니 내 노후를 책임져달라고 하는 생물종은 인간뿐이다. 자연의 섭리를 따르는 생물종의 입장에서 보면, 사람도 자녀로부터 과한 대가를 바라지 말아야 한다.

대부분의 청소년 문제는 부모로부터 비롯된다. 문제아는 함량이 미달인 부모들이 만들어내고 있다. 원래부터 문제아로 태어난 사람은 이 세상에 존재하지 않는다.

학자들에 의하면, 대부분의 행동은 학습을 통해 이뤄진다고 한다. 경험을 통해 부모의 행동이나 말, 주변에 있는 사람들의 영향을 받아 사고가 축적되고, 인성이 형성된다는 것이다. 특히 인성이 형성되는 7세 이전의 유년기에 누구와 어떤 환경에서 어떻게 살았느냐가 평생 동안 영향을 미친다고 한다. 어머니의 내리사랑이 소중한 이유가 여기 있다.

상사화

유대인 속담에 '신은 모든 곳에 있을 수 없어 어머니를 만들었다'는 말이 있다. 되새길 때마다 많은 것을 생각하게 되는 글귀이다.

초겨울 산사나무 고목에 열매가 맺힌 모습

✽ 부드러움이 강한 것을 이긴다

나무가 자란다는 것은, 줄기나 뿌리의 생장세포 크기가 커지거나 그 수가 증가해 생명체의 크기가 커지는 것을 뜻한다.

어쩌다 바위 위에 떨어진 씨앗은 어쩔 수 없이 바위에 어린 뿌리를 내린다. 그리고 약한 뿌리로 간신히 살아가지만, 점차 큰 나무가 되어가며 뿌리는 양적 생장을 위해 강한 바위를 조금씩 갉아내기 시작한다. 생장이 계속되자 바위는 금이 가게 되고, 점차 금이 깊어져 이윽고 바위는 갈라져 부스러진다. 산길을 가다보면 종종 목격하게 되는 장면이다.

한때 스리랑카의 왕국이 있던 시기리야의 큰 바위 주변에서 나무가 바위와 얽혀 공생하고 있는 것을 본 적이 있다. 그리고 캄보디아 앙코르와트 사원 주변에서 본 바위들은 아예 큰 나무들 속에 끼어 있었다.

엊그제 신년 산행을 나섰는데 내장산 숲길 바위 위에 자리 잡은 나무도 마찬가지였다. 떨어지는 물방울이 바위를 뚫듯이 연약한 뿌리가 바위를 깨뜨린 것이다. 힘없고 연약한 것이 오래도록 참고 견디며 자신의 삶을 멋지게 이어가는 모습이 경이롭기마저 했다. 강하고 센 것만이 다가 아니라는 것을 배우게 되는 순간이었다.

사람도 마찬가지이다. 처음에는 힘없고 무언가 부족해 보이던 이가 천천히 쉼 없이 매진해 경탄할만한 일을 이루는 경우를 보게 될 때가 있다. 그럴 때면 우리는 마치 내 일인 양 기뻐하며 아낌없이 박수를 치게 된다.

모든 인간은 유전학적으로 자신만의 고유한 DNA를 갖고 있다. 어떤 이는 젊은 시절에 원하는 것을 성취해 주위의 부러움을 사고, 어떤 이는 노년에 이르러 더욱 풍요롭고 원숙한 아름다움으로 존경을 받는다. 이처럼 자신이 갖고 있는 장점과 단점을 찾아내어 어제보다 더 나은 오늘, 오늘보다 더 나은 내일을 이루어가는 게 삶의 과정일 것이다.

부지런히 서두른다고 빨리 다가오지 않으며, 주어진 일만 묵묵히 한다고 해서 늦게 오는 것도 아니다. 그래서 나답게,

나만의 향기와 자태를 잊지 않고 나의 보폭에 맞춰 흔들림 없이 살아가는 제각각의 모습들이 아름다울 수밖에 없다.

스리랑카 시기리야 바위산에 붙어 살아가는 나무. 뿌리가 자라면서 바위를 조금씩 부서뜨리고 있다.

내장산 서래봉 바위 위에 떨어진 씨앗이 자라면서 그 뿌리가 바위를 조금씩 부서뜨리고 있다.

3부

꽃들의 생존 전략

✽ 생물종으로써의 꽃

인류의 시작은 식물에 비하면 아무것도 아니다. 분류학상 사람속屬, homo이 등장한 시기는 대략 250만 년 전인데 식물이 이 세상에 나타난 것은 5억 년을 훌쩍 넘는다. 식물은 그 긴 기간 동안 생태계 환경이 건강하게 유지될 수 있도록 탁월한 능력을 발휘해왔다.

수분 수정을 통해 유성생식有性生殖, Sexual reproduction이 이뤄지는 핵심 장소가 꽃이므로, 꽃은 자연생태계를 건강하게 만들어주는 핵심적인 생물인자라 할 수 있다. 유성생식을 통해 지속적으로 변이를 창출하며 자연생태계의 다양성을 이끌어온 주역인 것이다.

꽃은 꽃받침, 꽃잎, 수술 및 암술로 구성되어 있으며 바람이나 곤충 등 다양한 매개체를 통해 수분 수정이 이뤄져 성공적으로 대를 이어간다. 식물들이 그렇게 대를 이어가는 덕분에 사람들은 자연 상태에서 건강한 삶을 유지할 수 있다.

꽃 연구자로 살면서 꽃에 대한 공부를 하면 할수록 인간보다 꽃의 역량이 몇 수 위라는 생각이 들 때가 많다. 먹고 사는 방법, 생존하면서 내놓는 물질, 식물들끼리 소통하는 능력, 빛을 합성하여 태양에너지를 물질에너지로 바꾸는 능력, 식물체 어느 부위를 떼어 번식해도 완벽한 어른 식물로 재생되는 세포 단위의 전형성능全形成能, Totipotency 등, 알면 알수록 신비롭다.

식물은 각기 다른 방법으로 후대를 이어가는데, 그 생존 방식이 사람보다 훨씬 다양하고 복잡하며 정교하다. 예를 들면, 진달래, 벚꽃, 배나무 등 대부분의 종자식물들은 같은 꽃 속에 암술과 수술이 다 들어 있다. 그리고 장미와 무궁화는 한 그루 안에 암꽃과 수꽃이 들어 있다. 그런가 하면, 개암나무, 밤나무, 자작나무, 으름덩굴은 한 그루 안에 암꽃과 수꽃이 함께 있지만, 꽃모양이 서로 다르다. 이러한 식물들을 암수한그루, 또는 자웅동주雌雄同株라고 한다.

그러나 은행나무는 암그루와 수그루로 나뉘어져 암꽃과 수

꽃이 각각 다른 나무에 핀다. 이것을 암수딴몸, 또는 자웅이주雌雄異株라고 한다. 그런데 은행나무처럼 암꽃과 수꽃이 완전하게 구분되어 있는 경우도 있고, 다래처럼 수꽃과 암꽃이 각각 존재하되 암꽃에 수술의 흔적이 남아 있는 경우도 있다.

또, 진짜 꽃이 엄연히 있고 암술, 수술, 꽃잎, 꽃받침이 다 있는 것인데도 불구하고, 꽃이 너무 빈약해 곤충들의 외면을 당하자 가짜꽃헛꽃, 위화이나 꽃처럼 보이게 하는 도구를 사용해 '여기 꽃 있다'는 사실을 곤충들에게 알리는 경우도 많다. 산수국, 백당나무, 포인세티아, 부겐빌리아, 개다래, 카틀레아, 괭이눈 같은 식물들이 그렇다.

자웅동주나 양성화가 자손 번성에 좀 더 유리하긴 하지만, 자웅이주 단성화도 저마다의 생존전략을 가지고 전 세계에 널리 퍼져 자자손손 행복하게 살아가고 있다.

자연계를 구성하는 생물종은 1500만 종이나 된다. 그리고 인류는 그 중 한 종에 불과하다. 생물종의 세계에서는 인간이나 할미꽃이나 소나무나 생태계 속에서 살아가는 $1/n$이다. 서로 소통 방식이 달라 의사교환이 어려울 뿐, 각기 다른 고유 역할이 있다. 특히 지속가능한 자연환경을 생각하면 인간보다 식물이 훨씬 더 큰 역할을 하고 있는 셈이다. 자연 앞에

인간이 더 겸손해져야 하며, 자연을 건강하게 유지 보존해야
할 책무가 큰 이유가 여기 있다.

은행나무 수 그루에 핀
수꽃, 자웅이주

으름덩굴 꽃, 위에 한
개 있는 것이 암꽃, 아
래 여러 개 있는 것이
수꽃, 자웅이화

참나리, 암수가 생김새
는 다르지만 암수 한 그
루 한 꽃, 자웅동주, 양
성화

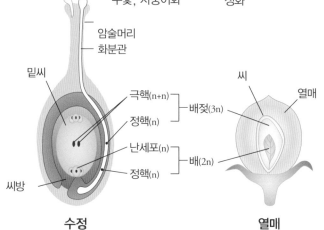

꽃이 피는 목적은, 다른 꽃가루를 성공적으로 받아 수정이 된 후 최종적
으로 자신의 후대인 씨앗이나 열매를 잘 만드는 데 있다. 암술머리에 꽃
가루가 묻으면 화분관이 자라 씨방에 도달한다. 씨방에 도달한 2개의 정
핵웅핵 중 1개는 극핵 2개와 결합하고, 다른 1개는 난핵과 결합해 각각
배젖과 배가 된다. 배젖과 배가 동시에 수정된다 하여 중복수정이라고
한다.

✿ 버는 게 없으면 쓰지 않는다

'부처손'은 '바위손'이라고도 알려져 있는 양치식물이다. '만년초' 혹은 '불로초'라 부를 만큼 효능이 좋으며 특히 항암 효과가 높은 산야초로 알려져 있다. 애호가들은 돌이나 나무를 이용해 분경을 만들어 즐기기도 한다.

부처손이 사는 모습을 보면 경이롭기 그지없다. 부처손의 자생지는 대부분 높은 산 속의 협곡 위, 깎아지른 듯한 커다란 암벽과 같은 척박한 곳이다. 그런 곳에 붙어살다가 비가 오지 않고 가뭄이 계속되어 수분을 섭취할 수 없게 되면, 부처손은 생존을 위해 자신의 표면적을 서서히 줄인다.

극심한 가뭄 속에서 죽지 않고 살아남으려면, 숨을 쉬느라 사용하는 에너지를 최소화해야 한다는 것을 잘 알고 있기 때문이다. 그래서 가뭄이 계속되면 잎을 똘똘 말아 표면적이 작아지도록 한다.

이런 상태로 몇 개월이고 가뭄을 견디며 지내다가 비가 오면 오므렸던 잎을 쫙 펴고 온 몸으로 물을 빨아들여 성장을 이어간다. 자연 상태에서 얻을 수 있는 게 부족할 때, 소비를 줄이고 어떻게든 그 환경을 견디며 버텨내는 것이다.

시골에 내려와 지내다 보니 최근 들어 귀농 귀촌 강의를 자주 하게 된다. 대부분의 사람들이 도시생활에 염증을 느끼게 되거나, 건강상의 이유로, 혹은 은퇴를 앞두고 귀농을 결심한다. 그리고 일정 자금을 준비해 시골에 내려온다. 그런데 시골에서 어영부영 몇 년 지내는 사이 준비자금을 다 써버리게 되는 경우가 있다. 그후 제대로 정착을 하지 못하게 되면 귀농을 어쩔 수 없이 포기하고 돈을 벌기 위해 다시 도시로 돌아간다. 이런 분들을 보게 될 때마다 안타까운 마음이 든다.

제대로 귀농을 하려면, 최소한 3년 안에 자생력을 가져야 한다. 시골에서 안정적인 소득이 없는데 쓰임새는 도시에서 살 때와 같은 수준으로 지낸다면 처음 준비해온 자금은 금방 바닥이 날 수밖에 없다. 버는 게 없을 때는 부처손처럼 지출을 줄이고 절약하며 견뎌내야 한다. 달리 방법이 없다.

부처손, 바위에 붙어 살며 비가 오지 않을 때는 표면적을 줄여 견딘다.

부처손, 가문 뒤에 비가 오자 물을 빨아들이고 있다.

부처손, 비가 오면 잎을 최대한 넓게 펴고 온 몸으로 물을 흡수해 가물 때를 대비한다.

❀ 잡초들의 위장술

전원생활을 한 지 십여 년이 넘다 보니, 여름철이면 잔디를 깎고 잡초를 뽑는 게 중요한 일과 중의 하나가 되었다. 어느 날 평소처럼 풀을 뽑다가 신기한 현상을 목격했다. 언뜻 보면 눈에 잘 띄지 않지만, 잡초도 자신이 날 곳을 아는 것 같았다.

개망초는 나리 속에서 더 많이 자라고, 바랭이는 잔디 속에서 많이 나며, 괭이밥은 좀씀바귀 군락 속에, 달맞이꽃은 왕모람 덩굴 아래에서 어린잎들이 숨어 살고 있는 것이 아닌가.

잡초들이 생김새가 닮은 식물 가까이 있으면 사람 눈에 쉽게 띄지 않아 뽑혀나갈 확률이 그만큼 적다는 걸 알고, 닮은 식물이 자라는 곳에 집중적으로 뿌리를 내린 것이다. 이처럼 잡초들도 곤충처럼 위장술을 부리며, '초록은 동색'이고 끼리

끼리 어울릴 때 더 조화롭다는 걸 알고 있다는 것이 참으로 놀랍다.

닮은 꽃들이 무리지어 있을 때 보기 좋은 것처럼 사람도 공동체 안에서 서로 어울려 살 때 더 보기가 좋다. 공동체에 적응하지 못하고 변두리를 배회하는 삶은 위기에 노출되기 쉬울 뿐만 아니라, 들녘에 홀로 핀 꽃처럼 너무 외로워 보인다.

잔디 속에 난 바랭이, 꽃이 피기 전에는 잔디처럼 보여 쉽게 눈에 띄지 않는다.

개망초

달맞이꽃

나리밭에 난 개망초

모람 덩굴 아래 숨어있는 달맞이꽃 어린 잎

✿ 공존

활짝 핀 꽃 위에 나비가 앉았다. 참 곱다. 자연 속에서 살아가며 '공존'한다는 것이 어떤 것을 뜻하는지 꽃과 나비가 알려주는 것 같다. 꽃은 나비에게 생존에 필요한 꿀이라는 에너지를 주고, 나비는 수분수정에 필요한 꽃가루를 묻혀주는 것으로 보답한다. 꽃과 나비는 어느 한 쪽이 없으면 결코 살아갈수가 없다. 그래서 더불어 산다.

꽃은 움직일 수 없으니 지극히 수동적일 수밖에 없다. 꽃이 피는 목적은, 사람들 눈을 즐겁게 해주기 위해서가 아니다. 대부분 쌍떡잎식물인 충매화는 곤충을 이용하고, 소나무처럼 잎이 작고 꽃가루가 많은 풍매화는 바람을 이용해 다른 꽃가루를 받아 수정이 되어 자신의 후손인 씨앗을 남기게 된다.

꽃은 씨앗을 남기지 못하면 실패한 삶이 되고 만다. 꽃은 나비나 곤충이 찾아줘야 꽃가루를 만날 수 있는데, 나비도 보는 눈이 있어서 아무 생각 없이 아무 꽃에나 앉지는 않는다.

나비와 잠자리 같은 곤충들은 대개 두 개의 겹눈과 세 개의 홑눈을 갖고 있다. 공을 반으로 자른 것 같은 모양을 하고 있는 겹눈은 머리를 둘러싸고 있는데 각도가 300도나 된다고 한다. 겹눈은 곤충의 중요한 광감각기관으로 물체의 모양과 색깔을 보고, 물체의 움직임이나 거리감을 알아낸다.

홑눈에는 앞홑눈과 옆홑눈이 있다. 앞홑눈은 날아갈 때 앞을 폭넓게 볼 수 있게 해주고, 빛의 방향을 확인하며, 흐린 빛을 탐지한다. 옆홑눈은 시야를 넓게 해주는 역할을 한다. 이처럼 나비는 여러 개의 눈으로 마음에 드는 꽃을 선택해 내려앉는다.

나비의 눈에 띄려면, 무엇보다 멀리서도 눈에 확 띌 정도로 크고 아름다워야 한다. 나비는 자외선까지 볼 수 있어서 사람가는 다른 관점으로 보며, 생리 상태에 따라 색에 대한 감각이 바뀌기도 한다. 그리고 가까이 가면 향기가 나야 하고, 꽃에 앉았을 때 그 안에 꿀이 들어 있어야 한다. 이런 꽃들은 대부분 나비의 도움으로 꽃가루를 암술머리에 묻혀 성공적으로 씨앗을 만들게 된다.

꽃이 작고 보잘 것 없으면, 꽃은 나비를 부르기 위해 지혜를 짜내어 온갖 수단을 총동원한다. 수국이나 백당나무는 가짜 꽃을 만들고, 개다래는 잎 표면에 하얀 분칠을 하기도 하고, 포인세티아는 꽃 바로 밑에서 꽃을 싸고 있는 포엽을 붉은 색으로 바꾸기도 한다. 방화곤충의 시선을 끌기 위해 할수 있는 온갖 노력을 아끼지 않는다. 이처럼 나비의 시선을 끌기 위한 꽃들의 노력은 눈물겹다.

어쩌면 상대방의 관점에서 나를 되돌아보고, 좋은 첫인상으로 그들에게 기쁨을 주기 위해 노력하는 것이 세상 이치인지도 모른다. 이웃과의 소통 역시 마찬가지다. 내가 능력이 있고 상대방에게 호감을 갖고 있다 하더라도, 상대방이 원하지 않으면 참된 소통이 불가능하며 외톨이가 될 수밖에 없다.

상대방의 관점에서 나를 볼 수 있어야 비로소 나다운 삶을 살아갈 수 있다. 그리고 나에 대한 평가는 내가 하는 게 아니라 남들이 하는 게 진짜일 때가 많다. 이런 이치를 아는 사람은 세상을 바라보는 시선 또한 남다르다.

꽃처럼 산다는 것은 쉬운 일이 아니다. 나비의 관점에서 자신을 되돌아보며 새로워지기 위해 노력하는 꽃만이 수정이 되어 씨앗을 남기고 후대를 이어간다는 것은, 많은 생각을 하게 만든다. 이웃은 나를 어떤 사람으로 인식하고 있을까. 문득 주변을 돌아보게 된다.

중나리 꽃에 찾아온 나비. 나비는 꿀을 가져가는 대신 꿀 값으로 다른 꽃에서 묻혀온 꽃가루를 주고 간다.

큰까치수영 꽃은 나비에게 꿀을 주는 대신, 나비 덕분에 꽃가루를 받아 씨앗을 만들어 후대를 잇는다.

✿ 생존을 위한 눈가림

카틀레아, 심비디움은 난과식물인데 자연에서의 생존 방식이 참으로 놀랍다. 꽃에 있는 암술머리와 꽃가루가 꽃 안에 깊숙이 들어 있고, 그 위를 흰 모자처럼 생긴 뚜껑이 덮고 있기 때문이다. 이 뚜껑이 열리고 꽃가루가 묻어야 하므로 수분 수정이 쉽지 않아 보인다. 물리적인 힘에 의해 뚜껑이 열리지 않으면, 꽃가루가 암술머리에 묻을 수 없는 모양새다. 여기서 난들의 생존전략이 시작된다.

이러한 난과식물들은 꽃 아래 부분, 즉 꽃 혀가 되는 부분이 암벌의 생식기와 같은 모양과 색깔을 갖추고 있다. 그래서 꽃가루나 암술머리가 열매를 맺을 수 있을 만큼 성숙하면, 꽃혀가 완벽한 암벌의 생식기 모양으로 변한다.

그러면 수벌들이 암벌을 닮은 꽃혀를 암벌인 줄 착각을 하게 된다. 수벌의 99.9%는 교미를 못하고 죽게 되므로 죽기 전에 교미를 하기 위해 필사적으로 날아와 앉으려고 한다. 그리고 다양한 온몸운동을 하는 사이 속을 덮고 있던 겉 뚜껑이 떨어져 나간다. 이어서 그 안에 있는 암술머리에, 같은 방법으로 다른 꽃에서 묻혀 온 꽃가루가 묻어 성공적으로 수정을 하게 된다. 드디어 씨앗을 품게 되는 것이다.

　어떻게 보면, 카틀레아, 심비디움, 파피오페딜럼, 호접란 같은 난과식물이 눈가림으로 벌을 속인 것이다. 그러나 그것은 자연에서 살아남기 위한 눈물겨운 진화의 결과라 할 수 있다. 한 가지 생물종이 세상에 태어나면, 생존은 자신의 문제인 동시에 후대를 영위하기 위한 책무이기도 하다.

　사람도 마찬가지다. 하나의 생물종으로 태어나 어른이 되면 결혼을 하고 자신을 닮은 후세를 낳아 종족을 보존해야 하는 책무를 갖고 있다. 이런 의미에서 독신을 주장하는 사람들은 나만의 생존전략은 무엇인지, 자신의 생존과 후대를 위해 어떤 노력을 하고 있는지, 지속가능한 인류 번성을 위해 내가 할 수 있는 일은 무엇인지 한번쯤은 곰곰이 생각해 봐야 할 것 같다.

카틀레아는 콜롬비아의 나라꽃으로 '난 중의 여왕'이라 알려져 있을 만큼 그 자태가 화려하다.

심비디움

파피오페딜럼

호접란(팔레놉시스)

✽ 우월한 후손을 얻기 위해 최선을 다한다

사람도 식물도 자연생태계를 구성하는 생물종 중의 하나이다. 그리고 사람들이 결혼을 하듯이 식물도 종족을 유지하기 위해 구애를 하고 혼인도 한다. 물론 사람처럼 양가 친지를 불러 거창하게 결혼식을 하는 건 아니지만, 식물들도 생존을 위해 나름대로 다양한 방식을 통해 배우자를 선택하고 있는 것이다.

진달래, 나리, 원추리, 붉은인동 등, 대부분의 꽃들은 여성 암술머리, 주두이 하나이고, 남성꽃가루, 수술이 여럿인 일처다부제 구조로 되어 있다. 그런데 대부분의 꽃들이 자신의 꽃가루는 결코 받지 않으려고 한다. 다른 꽃의 꽃가루만 받으려고 하니, 사람으로 치면 바람둥이인 셈이다.

꽃가루를 받는 방법도 다양해서 여성상위체형, 암수의 길이나 성숙기 차이 등의 방식으로 자가수정을 피하려고 애쓴다. 밤꽃이나 개암나무 같은 것은 암꽃이 수꽃보다 위에 있는 것들이 많다. 그리고 붉은인동 같은 것은 암술대가 길게 튀어나와 자신의 꽃가루와 닿지 않게 되어 있다.

또 암술과 수술의 성숙기가 달라 암술머리는 어른이 되어 꽃가루만 묻으면 바로 수정될 수 있지만, 같은 꽃 속에 들어 있는 꽃가루는 아직 종자를 만들 능력이 갖춰지지 않아서 암술머리에 꽃가루가 묻어도 전혀 기능을 할 수 없다. 이처럼 야생의 식물들은 같은 나무의 다른 꽃이나 다른 나무의 꽃으로부터 꽃가루를 받아 하는 수정을 원칙으로 한다. 이것을 타화수정他花受精이라고 한다.

암술이 같은 그루 안의 꽃으로부터 꽃가루를 받는 자가수정自家受精을 하게 되면 유전적으로 순수해homo화지긴 하겠지만, 자가수정을 거듭하게 되면 형질이 왜소해지고 극도로 열악해지는 유전 현상, 즉 자식열세현상이 일어나 생장력이 현저히 떨어지며 기형적인 개체가 생기기 때문이다. 그리고 환경이 조금만 바뀌어도 자연에서 견디지 못해 도태되고 만다.

그래서 대부분의 야생화들은 타화수분他花受粉, 다른 꽃의 꽃가루를 받는 것을 하고 있다. 타화수정을 하게 되면, 잡종화hetero화 되면서 유전적으로 다양해져 생존력이 강해지고 척박한 환경에서도 잘 견뎌낼 수 있게 된다.

형질이 우수한 유전자를 받고 싶은 생각은 식물이나 사람이나 마찬가지다. 자신보다 월등한 후손들이 오늘보다 더 나은 미래를 살아갈 수 있게 되기를 바라는 간절한 마음 때문일 것이다.

붉은인동 꽃, 가운데 길게 나와 있는 것이 암술이다. 자가수정을 피하기 위해 암술과 수술의 길이가 서로 다르다.

원추리꽃

✿ 튀어야 산다

꽃은 수분 수정을 통해 후대를 이어간다. 그래서 수정하는 데 꼭 필요한 벌이나 나비에게 잘 보이려고 생명체로써 꼭 필요한 기관이 아닌, 가짜 조직을 만들기도 한다.

산수국과 백당나무 꽃송이를 보면, 진짜 꽃 주변에 크고 화사한 흰 색 가짜 꽃이 먼저 눈에 띈다. 크리스마스 꽃으로 알려져 있는 포인세티아도 가운데 노란 꽃 주변의 잎들이 빨간 포엽으로 변해 있는 것을 확인할 수 있다. 부겐빌리아도 가운데 하얀 꽃들은 볼품이 없고, 꽃을 둘러싼 화포들이 꽃 행세를 하고 있다.

이 식물들은 가짜 꽃이 없다 하더라도 암술과 수술이 꽃 한가운데 다 있고 그걸 받쳐주는 꽃잎과 꽃받침 또한 완벽하게 있으니, 식물학적으로 보면 완전한 꽃이다. 하지만 꽃이 작고 볼품이 없다 보니 곤충들이 본체만체 그냥 지나쳐버리기 때문에 수정이 잘 되지 않는다. 이처럼 멸종 위기에 처하게 되자, 궁여지책으로 가짜 꽃들을 만들어 '여기 예쁜 꽃이 있다!'고 알리며 곤충들을 부르게 된 것이다. 일종의 호객행위를 하고 있는 셈이다.

곤충들은 멀리서도 눈에 띄는 가짜 꽃의 화려함에 끌려 꽃 가까이 간다. 꽃에게 다가가면, 가짜 꽃 가운데 있는 진짜 꽃이 풍기는 향기를 맡고 꽃에 앉아 꿀을 먹게 되는 것이다.

그리고 곤충이 꽃에 앉아 꿀을 먹는 동안, 꽃은 신속하게 곤충의 다리나 엉덩이에 묻어있는 다른 꽃가루를 받아 자신의 암술머리에 묻힌다. 이런 과정을 거쳐 제대로 수정된 꽃들이 씨앗을 만드는데 성공해 후손을 퍼뜨리게 된다.

사람들이 멋진 옷을 차려 입고 곱게 화장을 하거나 액세서리로 치장하는 것도 어찌 보면 이러한 꽃의 속성과 닮았다. 사진을 찍어 보면, 얼굴을 다듬고 꾸몄을 때와 그렇게 하지 않았을 때는 엄청나게 달라 보인다.

자신을 과하게 포장하고 왜곡을 시키는 것은 문제가 있다. 하지만 가능한 모든 방법을 통해 좋은 인상을 주고자 노력하며, 널리 알리는 것은 의미 있는 일이다.

백당나무, 산수국처럼 가짜 꽃을 만들어 곤충을 유인한다.

산수국, 꽃 가장자리에 있는 꽃잎처럼 크게 보이는 것이 헛꽃이다.

❀ 다양성을 위한 융·복합

나리, 원추리, 인동, 진달래와 같은 꽃들은 일부다처제로 산다. 즉 한 꽃 안에 암술머리는 하나인데 수술꽃가루은 여럿이다. 그런데도 암술은 자기 꽃가루를 받지 않고 다른 꽃가루를 받으려고 한다. 자신의 꽃가루를 받아 수정을 계속하게 되면 유전적으로는 순수해지지만 자식열세현상 때문에 형질이 극도로 나빠지기 때문이다. 사람도 근친상간을 못하게 하는 이유가 여기에 있다.

이른 여름 하얀 밤나무 꽃에서 나는 향기가 역하게 느껴질 때가 많다. 그 진한 향기를 따라 가까이 다가가 꽃을 들여다보면, 꽃 아래로 길게 늘어진 수꽃이 냄새의 진원지이다. 수꽃 아래쪽에 암꽃이 자리 잡고 있으면 바람이나 중력에 의해 꽃가루가 떨어져 수분수정이 훨씬 유리할 텐데 왜 암꽃이 위쪽에 있는 걸까? 암꽃이 아래쪽에 있으면, 원하지 않아도 꽃가루가 떨어져 자가수정이 될 수밖에 없기 때문이다.

밤꽃뿐만이 아니라, 개암나무, 오리나무, 자작나무 꽃도 수꽃들이 모두 아래쪽에 달려 있고, 암꽃은 모두 위쪽에 있는 여성상위체형이다. 밤이나 개암 열매가 다 여기 맺힌다. 이런 식물들은 암꽃과 수꽃이 서로 다르게 생긴 자웅이화雌雄異花가 많고, 이 또한 자기 꽃가루를 받는 자가수정自家授精을 피하기 위해 그런 형태를 띠고 있다.

이처럼 유전형질의 순도가 높을수록 급변하는 환경에 적응하지 못해 결국 도태되고 만다. 좋지 못한 환경을 잘 이겨내려면 체내유전적인 다양성이 자신을 지키는 무기이다. 그러므로 유전적으로 더욱 다양해지기 위해 꽃가루가 많고, 자신과 유전적 조성이 다른 꽃가루를 원하게 되는 것이다.

물론 꽃이 피는 동안 비가 오거나 하여 다른 꽃가루를 받을 수 없을 때는 어쩔 수 없이 내 꽃가루라도 받아 우선 대를 잇기도 한다. 그러나 이듬해 다른 꽃가루를 최대한 많이 받아 그 다양성을 유지하려 한다.

요즘은 학문도 융합과 통합에 관심이 많다. 많은 분야에서

나 혼자만의 단독적인 기술보다 다른 분야와 융·복합이 되는 통합 기술이 주목을 받고 있다. 집단지성이나 융·복합 기술의 강점은 날로 더욱 심화될 것으로 보인다.

인간관계도 마찬가지다. 자신의 역량을 키우려면 분야나 생각이 다른 사람들과 다양하게 소통해야 한다. 다문화가족에게 관심이 쏠리는 것도 이런 이유가 아닐까 싶다.

급변하는 세상 속에서 내 것만 고집하는 것이 옳은지, 과감히 다양성을 인정하고 융합하는 것이 옳은지 자연의 꽃과 건강한 생태계가 그 이치와 해답을 더 잘 알고 있는 것 같다.

백합꽃, 꽃술 한가운데 있는 끝이 하얀 색인 것이 암술머리이고, 그 주변을 붉은 색 꽃가루가 가득 있는 수술 6개가 감싸고 있다. 일처육부제인 셈이다.

수피가 예쁜 자작나무

암꽃

자작나무 꽃, 자웅이화로 암꽃이 위에 자리를 잡고 다른 꽃의 꽃가루를 기다리고 있다.

수꽃

개암나무 꽃, 자웅이화로 연
노랑색 아래로 길게 늘어진
것이 수꽃이고, 위에 조그
맣게 붙은 붉은 꽃이 암꽃이
다. 나중에 개암 열매가 여
기 달린다.

밤꽃, 연분홍빛 긴 꽃이 특유의 향기가 나는 수꽃이며, 위에 뾰족하게
작게 난 꽃이 암꽃으로 여기 밤이 열린다.

✿ 기생살이도 마다않는다

최근에 겨우살이는 강력한 항암물질을 가진 것으로 알려져 인기가 많은 기생식물 중의 하나이다. 그러나 잎에 엽록소가 있어서 광합성도 조금씩 하므로 기주나무에 완전 기생하는 것은 아니고 반기생을 하고 있는 셈이다.

겨우살이의 노란 열매는 새들의 주요 먹이여서 새들이 과육을 먹고 배설을 하고 난 후 날기 시작한다. 새들은 배설하면서 끈끈한 액체를 씨앗에 묻혀 낙하시키고 그 덕분에 씨앗은 쉽게 나무에 달라붙어 거기서 싹을 틔워 삶을 이어가게 된다.

겨우살이는 졸참나무와 같은 참나무류나 밤나무, 벚나무, 오리나무 등에서 눈에 잘 띈다. 그리고 기주식물의 이름에 따라 참나무겨우살이, 밤나무겨우살이로 나뉜다.

나무를 가리지 않고 여러 종류의 나무에 붙는 겨우살이가 있기도 있지만, 대개 특정 나무에게만 붙어 살아가므로, 그 기주나무 이름을 따라 겨우살이의 이름이 붙여진다. 즉, 겨우살이 균은 자기가 원하는 나무에 뿌리를 내리는 것이 아니라, 기주식물인 나무가 허락하는 곳에만 뿌리를 내릴 수 있다. 다른 나무에 떨어진 씨앗은 발아하지 못한 채 결국 죽게 된다. 기주특이성寄主特異性이라는 특성을 갖고 있기 때문이다. 그러니 허락을 받은 기생살이인 셈이다.

겨우살이는 기주식물의 허락을 받고 나무에 붙어 추운 겨울을 나고, 일 년 내내 편안한 삶을 살아간다. 도움을 받으면 갚아야 할텐데 겨우살이가 기주나무에게 구체적으로 어떤 도움을 주는지 속시원히 밝혀진 것이 아직은 없다. 자연에서는 그냥 저절로 이뤄진 게 없으므로 언젠가는 밝혀지게 될 것이다.

겨우살이 꽃

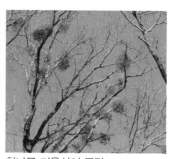
참나무 겨울살이 군락

겨우살이가 나무 상단부 여기저기 붙어살고 있다.

❀ 나를 버리고 거듭난다

　공작단풍은 단풍나무의 일종으로 키 작은 낙엽성 나무이다. 줄기와 잎이 길게 늘어져 자라는 수양성垂楊性이어서 현관 앞이나 출입구 부분의 정원에 주로 심는데 방문하는 사람들에게 겸손하게 고개를 숙이고 인사하며 반기는 것처럼 보여서 많은 사람들에게 사랑을 받고 있다.

　그런데 조경에 주로 쓰이는 공작단풍들은 대부분 접목한 것으로 이러한 접목 방법은 과일나무에 주로 적용되고 있다. 토양이나 환경에 잘 적응하는 강한 재래종이나 기본종을 대목으로 삼아 여기에 새로 개발된 품종을 삽수揷穗, 꺾꽂이를 하거나 접을 붙이려고 잘라낸 줄기로 접을 붙이는 것이다.

　접목한 나무는 병해충이나 토양 및 환경 변화에 영향을 덜 받고 질 좋은 과실을 얻게 되는데, 공작단풍도 마찬가지다. 단풍나무 씨앗을 뿌려서 싹이 튼 묘목을 대목臺木, 접을 붙일 때 그 바탕이 되는 나무으로 삼아, 여기에 공작단풍 가지를 삽수해 접을 붙인다. 나무의 어느 부분에 접목을 하느냐에 따라 나무 높이를 조절할 수 있다. 즉, 키가 2m인 대목을 쓰면 키가 큰 나무가 되고, 1m인 대목을 쓰면 키 작은 나무가 된다.

공작단풍 접목묘를 보면, 대목의 세력이 너무 강해 위로 웃자란 것들이 더러 눈에 띈다. 그럴 경우 쭈뼛쭈뼛 자란 어정쩡한 가지들 때문에 공작단풍으로써의 특성이 잘 드러나지 않게 되어버린다.

접목이 제대로 되지 않아 접목부 일부의 대목이 균형이 깨지면서 대목의 특정 부분이 고속성장을 해버린 탓이다. 이럴 때는 위로 솟구쳐 나온 녹색 가지를 바로 잘라줘야 대목에서 흡수한 양분이 공작단풍의 줄기와 잎으로 이동하게 된다.

식물의 접목은 성질이 다른 두 나무가 서로 화학적으로 결합되어야 완벽하게 한 나무처럼 자랄 수 있다. 대목을 이용해 접목으로 번식하는 다른 나무들도 마찬가지다. 고욤나무를 대목으로 접을 붙인 감나무, 탱자나무를 대목으로 접을 붙인 감귤나무, 찔레나무를 대목으로 접을 붙인 장미 묘목이 그 예다.

대목과 삽목을 하는 나무는 서로 친화력이 있어야 완벽하게 화학적으로 결합을 하게 된다. 양분과 수분이 제대로 전달이 되어야 정상적으로 자라 하나의 건강한 개체로 성장하게 되는 것이다. 단풍나무 대목에 공작단풍을 접붙이게 되면, 단풍나무 대목은 최대한 공작단풍의 특성이 발현되도록 자신의 생장 욕구를 자제해야 비로소 멋들어진 공작단풍이라는 새로운 개체가 만들어지게 된다.

　이전에 갖고 있던 내 것을 완전히 버리고 제3의 새로운 내가 되겠다는 각오로 철저하게 화학적으로 결합해야 비로소 한 차원 높은 또다른 세상의 일원이 될 수 있다는 것이다.

　각각 다른 성을 가지고 다른 환경 속에서 살아온 남녀가 결혼을 통해 하나가 된다는 것 또한 마찬가지가 아닐까 싶다. 때로는 전혀 다른 두 사람이 하나가 되어 새로운 '나'인 '우리'가 된다는 것이 현실적으로는 불가능하게 느껴지기도 한다. 그러나 서로 닮아가며 함께 나이 들어가는 부부를 보면, '하나'가 된다는 것이 바로 이런 것이구나 하는 생각이 절로 든다. 완전한 하나가 된다는 것은, 이전의 나를 희생하며 나와 모든 점이 다른 상대방을 이해하기 위해 끊임없이 노력하지 않으면 불가능한 일이다.

제대로 수형을 갖춘 공작단풍

공작단풍, 대목의 세력이 강해져 나무 한가운데 대목가지가 뻗어나와 나무 모양새가 제대로 갖춰지지 않았다.

❀ 멀리 가려면 함께 가야 한다

'꽃담원' 입구 왼쪽에는 여러 식물들이 한자리에 모여 살아 '다문화가족'이라 부르는 군락이 있다. 그 중에 먹시감나무가 먼저 눈에 띈다. 오래전에 심은 것인데 대목으로 쓴 고욤나무의 세력이 강해지면서 감나무보다 고욤나무가 더 커버려 가을이면 큰 나무에 고욤이 많이 달린다. 그리고 그 옆에 감나무 가지가 보잘 것 없이 붙어 감이 몇 개 달리곤 한다.

세월이 흐르며 이 둘 사이에 다양한 자생식물들이 들어와 살고 있다. 접목은 실패했지만 그 틈새에 여러 종들이 비집고 들어와 하나의 군락을 이루고 있는 것이다. 고욤나무 밑동 바로 옆에 노박덩굴이 먼저 들어와 살기 시작했고, 뒤이어 으름덩굴, 찔레, 계요 등이 자리를 잡고 있다.

다양한 생명들이 의좋게 때로는 햇볕을 내어주기도 하고 때로는 그늘을 만들어주기도 하면서, 두루 어울려 살아가고 있는 것이다. 전혀 다른 종들인데도 사이좋게 자라고 있어서 필자는 꽃담원 방문자들에게 이들을 '다문화가족'이라고 소개하곤 하는데, 한여름에 이 노박덩굴이 자라는 걸 관찰하다가 신기한 것을 발견하게 되었다.

덩굴성으로 나오는 어린 새싹 줄기 끝 순이 홀로 허공을 향해 더듬을 때는 힘이 없어서 곧 아래로 구부러지고 만다. 그런데 이 어린 줄기가 다른 어린 줄기를 만나더니 서로 줄기를 꼬아 두 배 이상 먼 거리까지 나아가는 것이다. 두 개의 줄기는 다시 다른 줄기들을 만나고 서로 감으면서 훨씬 더 멀리까지 허공을 쭉쭉 뻗어가고 있었다.

노박 덩굴도 '멀리 가려면 함께 가야 한다'는 걸 알고 있는 것이다. 맞다. 빨리 가려면 혼자 가는 게 나을 수 있겠지만, 멀리 가려면 함께 가야 한다. 아프리카 속담에도 '빨리 가려면 혼자 가고 멀리 가려면 함께

노박덩굴, 한 줄기로는 멀리 갈 수 없지만, 여러 줄기가 서로 몸을 꼬아 멀리 뻗어간다.

가라'는 말이 있다.

아프리카에는 사막도 많고 정글도 많아서 멀리 가려면 열악한 환경 속에서 무서운 야생동물들과 마주칠 수 있으므로 이런 말이 생겨난 게 아닐까 싶기도 하다.

이처럼 세상을 살아가며 다른 이의 도움을 받지 않고 혼자 해결할 수 있는 일은 몇 가지 되지 않는다. 또 혼자 하는 것보다 둘이나 셋이 함께 하게 되면 그 효과가 두, 세 배가 아니라 몇 곱절 더 크게 나타나는 것을 종종 본다.

인생은 길다. 긴 여정에는 길동무가 필요하다. 그리고 혼자 행복한 것보다 여럿이 더불어 행복한 것이 더 좋은 일이다.

고욤나무와 감나무, 오른쪽에 키 작은 찔레와 계요 등이 다문화가족이 되어 함께 살아가고 있다.

오른쪽 굵고 키 큰 가지는 고욤, 왼쪽 가는 가지는 감나무, 아래쪽에 굵은 노박덩굴이 보인다.

✽ 씨앗도 잠을 잔다

복수초, 노루귀, 깽깽이풀, 금낭화, 할미꽃, 용머리, 참나리, 구절초 등, 들에 피는 많은 야생화들이 씨앗이나 포기 상태로 여름잠이나 겨울잠을 잔다. 이것은 '휴면dormancy'이라고 하는 식물의 생리현상이다.

연중 기온이 일정한 열대지방에 사는 식물들에게는 드물지만, 우리나라처럼 사계절이 분명한 곳에 사는 식물들은 대부분 '휴면'을 한다. 이런 현상이 없다면 한여름의 높은 기온이나 한겨울의 추위 속에 생명을 이어가기 힘들다.

대부분의 식물들은 씨앗 상태로 어려운 환경을 이겨내지만, 나무나 알뿌리는 영양체 상태로 휴면을 하면서 무더운 여름과 극심한 겨울을 버텨낸다. 그러나 휴면의 깊이는 식물의 종류에 따라 다르다. 복수초나 깽깽이풀 같은 식물은 깊은 잠을 잔다. 즉, 겨울 동안 2개월 이상 저온에서 충분히 잠을 자야 이듬해 정상적으로 꽃이 핀다. 그리고 할미꽃, 앵초 같은 식물은 얕은 잠을 잔다. 즉, 겨울 동안 1개월 정도 저온에서 잠을 자면 무난히 꽃이 핀다.

휴면은 다시 자발적 휴면과 타발적 휴면으로 나뉜다. 자발적 휴면은 '내생휴면'이라고도 하며, 외부 환경과 관계없이 식물 스스로 내부의 생리적 원인으로 휴면에 들게 되는 경우를 말한다. 반면 타발적 휴면은 '외생휴면'이라고도 하며 씨앗의 내부엔 휴면성이 상실되어 발아를 시작할 수 있지만 외부의 온도나 광선, 일장 등 환경요인 때문에 싹이 트지 못하고 생장을 정지해 있는 상태를 말한다.

식물을 대량으로 키우는 농업 현장에서는 이러한 휴면 상태에서 씨앗을 깨어나게 하려고 식물 생장을 촉진시키는 호르몬을 주거나 4℃의 저온에서 한 달 정도 축축한 상태로 보관을 하기도 한다. 미나리 같은 식물의 경우에는 낮에는 25℃ 정도 밤에는 5℃ 정도 온도를 유지해주는 등, 식물에 따라 다양한 방식을 적용한다.

그러나 식물의 이러한 휴면성 덕분에 자연 생태계의 다양성이 건강하게 유지된다. 만일 5월에 성숙한 복수초 씨앗이 휴면에 들어가지 않고 바로 싹을 틔우게 되면, 어린 묘들은 6월로 이어지는 고온의 환경에 그대로 노출되어 결국 정상적으로 자라지 못한 채 죽고 말 것이다. 그런데 다행히도 야생화들은 자연 속에서 수천 년 동안 진화를 거듭하며, 견뎌내기 어려운 환경을 나름대로의 생존 원리로 극복해온 덕분에 자연이 건강하게 유지되고 있다.

우리의 삶을 한번 들여다보자. 바쁜 도시생활에서 살아남기 위해 쉬지 않고 일만 계속하다 보면 심한 스트레스와 함께 몸에 이상이 오기 시작한다. 사람의 체력에는 한계가 있기 때문에 그러한 상태를 오래 견딜 수가 없다.

쉬지 않고 몰아서 일을 하는 사람은 차분하게 계획을 세워 충분한 휴식을 취하면서 일을 하는 사람보다 단기적 성과는 더 클지 모르지만, 장기적으로 보면 어림없는 일이다. 우리의 삶은 생각보다 길다. 모든 일을 성급하게 하는 것보다 몸과 마음의 위안을 찾아가면서 하나하나 풀어가야 한다.

아무리 바빠도 하던 일을 잠시 멈추고 심호흡을 하며 하늘을 바라보자. 그리고 그 때 몸을 풀며 생각을 정리해보는 거다. 내가 잘 살아가고 있는 지, 놓친 것은 없는지…… 단 한번 주어진 삶의 시간은 다시는 돌아오지 않는다.

우리 또래의 어른들은 일만 열심히 하는 게 몸에 배어 자신의 몸을 혹사하는 경우가 많았다. 그러나 요즘 젊은이들은 현명해서 크게 탈이 나기 전에 충분히 휴식을 취하고 짬짬이 재충전을 하며 사는 모습을 종종 본다. 겨울이 혹독할수록 봄꽃은 화려하다. 추울수록 식물은 깊은 휴면에 들어간다. 그리고 생장이 재개되는 이듬해 봄에 꽃을 활짝 피운다.

술패랭이, 꽃잎이 술처럼 갈라져 있어서 붙여진 이름이다.

술패랭이 씨앗

깽깽이풀

앵초

구절초

4부

정원 가꾸기

❀ 가드닝

정원庭園, garden은 흙과 돌, 물, 나무 등의 자연 재료와 인공적인 재료 및 건축물에 의해 미적이고 기능적으로 구성된 공간을 뜻하며, 뜰이나 꽃밭이 이에 해당된다.

정원 가꾸기gardening는, 정원을 만들기 위한 구상, 식물의 선정 및 배치, 정원 설계, 씨앗을 뿌리고 나무를 가꾸며 유지하고 관리하는 일체의 활동을 뜻한다.

그래서 정원을 가꾸는 일은 '사람과 자연을 이어주는 다리'라고 할 수 있다. 상류층을 위한 전유물이 아니라 머리와 몸을 함께 활용해 집을 아름답게 가꾸려고 하는 인간 본성에 충실한 최고의 행위인 것이다. 헤르만 헤세는 '정원 일의 즐거움'이란 책에서 '정원 가꾸기는 인간이 누릴 수 있는 최고의

호사'라고 했다. 자연 속에서 계절이 오가는 것을 초록의 생
명들과 함께 느끼는 것은 행복 그 자체라고 할 수 있다.

화단물주기

장미 진꽃 따주기

❀ 정원의 기능

　단독주택이든 아파트든 건물이 나무와 꽃으로 둘러싸여 있
으면 더 아름답다. 건물의 앞과 뒤쪽에 큰 나무들을 심고 중
간에 잔디나 키 낮은 화단을 조성하면, 경관이 훨씬 더 좋아
보인다. 정원을 잘 가꿔 놓으면 건물의 가치가 크게 올라가지
만, 정원 관리가 소홀하면 오히려 가치를 떨어뜨린다.

　정원이 있으면 좋은 점이 많다. 거
실이나 주방이 실외의 데크나 정원까
지 확상되므로, 동선의 이동 범위가
넓어진다. 그리고 직접 자연과 접하
고 있으니 공기의 질이 좋아지고, 사
계절 내내 꽃이나 잎, 열매를 가까이

야외 식탁에 화분 하나
만 놓여 있어도 분위기
가 달라진다.

접할 수 있다.

또한 기후를 조절하고 재해를 줄여준다. 정원의 잔디나 관상수는 집 주위에서 온도와 습도를 조절해주고, 바람막이 역할을 해준다. 특히 흙으로 마감이 된 정원은 콘크리트 바닥이나 아스팔트와는 달리 뜨거운 여름에도 열대야 현상이 거의 없다. 낮 동안의 열기가 해가 지고 나면 땅속으로 스며들면서 바로 순환이 되기 때문이다. 여름철 한낮인데도 숲속에 들어가면 시원하고 해가 지고 나면 곧바로 선선해지는 것도 같은 이치다. 정원의 생울타리는 자연재해로부터 우리를 보호해주며, 잔디밭은 보기에도 아름답지만 장마철에 토양이 유실되거나 붕괴되는 것을 막아준다.

다양한 회합의 장소로 쓰이는 정원

✿ 정원 계획 세우기

달력에 입춘이라는 표시가 되어 있다고 해서 봄이 온 것이 아니다. 산수유, 개나리꽃이 피어야 봄이 온 것이다. 절기는 농사용으로 사람이 만든 것이지만 자연에서 식물의 생장은 계절에 따라 정확한 반응을 보이기 때문이다. 그러므로 어떤 정원이든 정원에서 자연과 교감하며 계절의 변화를 알 수 있다면 좋은 정원임에 틀림없다.

정원을 만들고자 할 때 첫 번째로 해야 할 일은 어떤 정원을 만들 것인지 테마를 정하는 것이다. 평소에 자신이 좋아하는 정원 유형과 식물들의 이름을 구체적으로 적어보며 꽃, 나무, 탁자와 의자, 등, 탑 등 정원을 구성하는 요소들을 취향에 맞게 골라 머릿속에서 배치해 본다. 그리고 각각의 자연 재료와 인공 재료가 통일감을 갖고 조화를 이루고 있는지, 자연미를 풍기는지 살펴본다.

테마를 정할 때는 정원의 규모나 용도를 잘 생각해봐야 한다. 여기서는 필자가 직접 만들고 가꾸었던 야생화 테마 정원을 중심으로 수생식물과 허브정원을 포함해 보았다.

어떤 형태의 정원을 만들 것인지 테마가 정해지면 예산에 맞춰 구체적인 계획을 세운다. 그리고 모든 구성 요소에 대해 이미지를 구체화시키며 실천 계획을 짠다.

식물의 형태가 같은 종류끼리 모여 있으면 훌륭한 테마정원이 된다. 화본과 식물, 나리류, 다육식물류처럼 같은 과科나 속屬에 속하는 식물들을 모아놓으면 종들의 생육을 비교 관찰하며 학문적으로도 접근할 수 있다. 인천에 있는 '국야농원'처럼 자생국화과 식물만 심고 가꾸며 관찰하고 취미 육종育種을 하는 것도 색다른 즐거움을 안겨줄 것이다.

전원주택들이 모여 있는 마을이라면 집집마다 식물의 과科, family나 속屬, genera별 또는 생태형eco type별로 테마화 하거나 정원을 만들면 작은 식물원 같은 전원마을이 된다.

예컨대 1호 집은 수생식물 정원, 2호 집은 약용식물 정원, 3호 집은 현대식 원예 정원, 4호 집은 야생화 정원, 5호 집은 구근류 중심 등, 집집마다 각기 다른 테마를 갖게 되면 특색이 있고 남달라 보인다. 그 마을이 온통 사계절 꽃을 볼 수 있는 테마가 있는 식물정원이 되는 것이다.

정원주가 선호하는 용도별로 허브원, 역초원, 만경원, 꽃차원으로 정원을 구성해도 좋다. 다른 집에 없는 식물들을 집집마다 100종 이상 갖게 된다고 가정해보자. 10가구가 참여하게 되면 1000가지가 넘은 꽃들을 볼 수 있는 식물원이 된다. 정원을 서로 터놓고 공동체를 이루게 되면, 정원 관광의 핵심지로 손색이 없는 곳이 될 것이다.

정원을 만들 때 가장 중요한 것은 예산이다. 정원을 만드는 데 얼마나 투자할 수 있느냐에 따라 정원의 모든 구성이 달라지기 때문이다. 처음부터 완벽한 정원을 만들겠다는 것보다 처음에는 골격을 잡고 살면서 꾸준히 만들고 가꿔나가는 것이 중요하다. 정원의 가치는 세월이 흐르며 꾸준히 상승한다.

정원을 만들 계획을 세울 때 주의해야 할 점은 다음과 같다. 산이나 들, 공원 등이 인접해 있으면 최대한 주변 환경을 이용하는 것이 좋다. 개인의 정원이 아무리 훌륭해도 주변과 이질감이 생기면 좋은 정원이라고 볼 수 없기 때문이다. 높은 울타리나 대문을 두지 않고 주변의 다양한 자연환경을 최대한 자신의 정원과 연계하여 활용하는 지혜로운 사람들이 늘고 있으니 참으로 다행이다.

정원은 자연의 축소판이라 할 수 있다. 그러므로 정원에 사는 식물들을 보며 계절의 변화를 알고 자연과 교감할 수 있다면 좋은 정원이다. 그러기 위해서는 사계절 꽃과 열매와 단풍을 볼 수 있게 식물을 배치하는 것이 중요하다.

소나무나 주목과 같은 상록성 위주로 식재를 하게 되면 계절의 변화를 거의 느낄 수 없다. 단순히 디자인 측면에서의 미적 가치만 보게 되므로, 자연과 더불어 살아가는 삶과는 거리가 멀다.

봄에 나무시장에 가서 묘목들을 사다 심을 때는 묘목이 나중에 다 자랐을 때의 모습을 그려보며 식재 간격을 충분히 떼어놓는 것이 중요하다. 어린 묘목을 다닥다닥 붙여 심게 되면 처음 2~3년은 보기 좋을지 모르지만, 커가면서 옆 나무와 닿아 제대로 자랄 수가 없다. 그리고 경관이 답답해져 결국 베거나 다시 배치해야 된다.

정원 조성 초기에 나무가 키가 작아 정원이 휑해 보이면, 나무와 나무 간격을 좁게 심고 충분히 뿌리를 내리게 한 다음 5년 정도 지나 다시 배치하는 절충 방식을 택할 수도 있다.

연못이나 바비큐장을 설치할 때는 어린이 안전을 위한 세심한 주의가 필요하다. 우물이나 깊은 연못은 아예 만들지 않거나 너무 넓지 않게 만드는 것이 좋다. 크게 만들었다가 관리가 어려워 방치하는 사례가 허다하다.

〈야생화 테마정원 주택의 사계절 모습〉

•봄　　　•여름　　　•가을　　　•겨울

❀ 정원의 구조와 설계

정원 구조는 주택의 위치와 지형, 주변 환경과의 조화 등 여러 가지 요소들에 의해 결정되므로 각자 개성과 취향에 따라 다양하게 꾸밀 수 있다.

앞뜰

대문에서 현관에 이르는 공간으로 가족이나 손님들이 가장 많이 보는 중요한 부분이다. 사계절 변화를 제대로 즐길 수 있게 초화류를 심으며 단정한 형태를 띠는 것이 좋다.

앞뜰이 넓으면 앞부분은 키가 작은 야생화나 초화류를, 중간에는 키 작은 관목이나 숙근류를 군식하고 울타리 부근의 경계부에는 키가 큰 관목이나 교목을 배치하여 입체적으로 볼 수 있게 한다.

안뜰

안뜰은 보통 앞뜰과 주택 사이의 공간으로 외부와 어느 정도 차단시켜 가족들만의 공간으로 활용할 수 있는 곳이다. 잔디밭을 꾸미고 탁자나 흔들의자, 또는 퍼고라를 설치해 편안히 휴식할 수 있는 정원으로 조성한다.

볕이 잘 드는 곳에는 작은 초화류를 계절별로 심거나 분화나 소품 상자로 장식하기도 한다. 안방이나 거실과 연결하여 이용하기도 한다.

뒤뜰

뒤뜰은 안뜰과 비슷한 목적으로 활용되는 것이 보통이다. 요즘은 뒤뜰에 작은 텃밭을 만들어 가족만을 위한 신선채소를 길러 먹는 경우가 많다. 장독대나 건조대를 만들어 활용하기도 한다.

햇볕이 웬만큼 드는 곳이면 허브정원 등 향기 나는 식물들을 심어 식용으로 다양하게 이용할 수 있다. 가족만의 시크릿 가든을 만들어 거실에서 편하게 오가며 즐기는 공간으로도 조성할 수 있다.

정원의 입지 환경

정원의 위치가 어떤 조건에 처해 있는지 주변 요소, 햇볕의 방향, 토양 조건 등과 함께 주변 환경과 공공시설물(가스배관, 오수조, 전화 및 통신선 등)을 염두에 두어야 한다. 식물이나 시설물의 배치는 관상적, 실용적, 기능적 측면을 충분히 고려하도록 한다.

설계도 작성

부지 분석이 끝나면 몇 가지 계획도를 만든다. 정원 부지를 나무 식재부, 진입로, 휴식 공간 등 용도별로 분류하는 기능도, 각 공간에 심을 식물의 위치와 크기, 개수 등을 정하는 개념도가 만들어지면 이를 토대로 세부적인 식재 및 설치 계획이 들어있는 기본계획도master plan를 만든다.

〈꽃담원 개념도〉

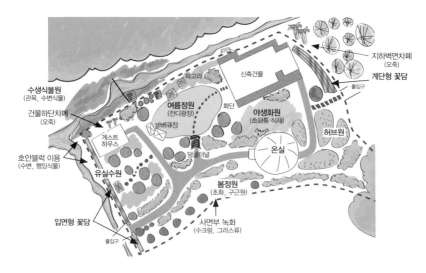

✿ 기초 기반 조성

관·배수, 수도, 전기

집을 짓고 나면 바로 정원을 조성하게 된다. 이때 중요한 것은 관수나 배수시설, 수도 및 전기와 같은 필수 기반 시설이다. 장마철에 배수로가 없으면 물이 다른 집으로 흘러들어가 피해를 끼치는 경우가 종종 벌어지며 수도나 전기시설이 미리 되어 있지 않으면 나중에 정원을 뜯어내고 다시 공사를 해야 하는 경우가 생길 수도 있다.

연못, 암석원, 퍼골라 등

정원 평탄작업이 끝나면 먼저 연못이나 암석원, 퍼골라 등의 시설을 만든다. 필요하면 거실이나 부엌과 연결된 데크도 함께 만들도록 한다. 연못을 만들려고 한다면 너무 깊지 않도록 한다.

바닥은 방수가 되도록 하고 수련이나 노랑어리연꽃 등 수생식물을 심을 때는 화분에 담아 넣는 것이 좋다. 암석원은 대개 지면보다 평균 50cm 정도 높게 입체적으로 만든다.

연못이 있는 정원

❀ 공간별 배치 기준

광 조건

야생화 정원에서 가장 중요한 부분이다. 식물에 따라 좋아하는 광 환경이 제각기 다르기 때문이다. 대체로 그늘이나 반그늘을 좋아하는 식물들이 많다. 몇 가지 정원용 야생화를 광 조건에 따라 구분해 보면 다음과 같다.

1) 그늘 : 괭이눈, 바위떡풀, 비비추, 산호수, 투구꽃, 천남성 등

2) 반그늘 : 곰취, 깽깽이풀, 남산제비꽃, 노루귀, 돌단풍, 복수초, 산괴불주머니, 앵조, 옥잠화, 우산나물, 은방울꽃, 처녀치마 등

3) 양지 : 할미꽃, 하늘나리, 양지꽃, 패랭이꽃, 섬초롱꽃,

상사화, 바위솔, 감국, 복주머니란, 금꿩의다리 등

식물의 키

자생화를 정원에 배치할 때 중요한 요인이다. 키가 작은 것들을 뒤에 배치하면 가려서 보이지 않기 때문이다. 초본류의 경우 개화기 또는 다 자랐을 때를 기준으로 앞부분에 작은 것을 뒷부분에 큰 것들을 배치한다. 목본류는 특히 키가 중요하다. 교목성으로 계속 자라는 것도 있으므로 어른 나무로 자랐을 때를 기준으로 충분히 간격을 유지할 수 있도록 한다.

개화기

개인의 취향에 따라 다르겠지만 계절별로 공간을 구획하는 것이 좋다. 앞뜰은 사계절 피는 것들을 골고루 배치해야겠지만 안뜰이나 뒤뜰에는 공간의 환경 특성을 감안하여 계절별로 피는 것들끼리 모아 봄 정원, 여름 정원 및 가을 정원 등으로 테마화 하는 것도 바람직하다.

또, 같은 자생 나리라 하더라도 5월에는 하늘나리, 6~7월에는 중나리, 땅나리, 섬말나리, 솔나리, 8월에는 참나리 등 개화기가 걱기 다르기 때문에 5월부터 8월까지 자생 나리만으로도 훌륭한 테마정원을 만들 수 있다. 여기에 화단용 백합원예 품종을 몇 가지 추가하면, 훨씬 전문적인 나리 정원이 된다.

꽃과 열매의 색깔

야생화들은 빨갛거나 파란 원색적인 빛깔보다 노란색이나 연분홍, 흰색 등 차분한 빛깔을 띤 꽃들이 많다. 식물에 따라 좋아하는 환경이 다르기 때문에 색깔별 배치가 쉽지 않겠지만, 가능하다면 닮은 빛깔을 띤 꽃들이 가까이 모이도록 배치하면 훨씬 품격 있고 빛깔이 고운 테마정원을 만들 수 있다.

같은 빛깔 꽃끼리 어우러진 정원

❀ 정원용 자생화 200선

야생화 테마정원에 활용할 수 있는 자생식물 중 관상적인 가치, 재배 용이성 등을 고려하여 개화기 또는 주로 관상할 수 있는 시기를 기준으로 품목들을 나눠보면 다음과 같다.

〈사람들이 많이 찾는 자생화 30가지〉

할미꽃   하늘매발톱꽃   돌단풍   금낭화   수선화

꽃창포   붓꽃   노랑꽃창포   노루오줌   초롱꽃

수크렁　억새　벌개미취　원추리　범부채

금불초　꽃범의꼬리　참나리　옥잠화　비비추

꽃무릇　구절초　감국　쑥부쟁이　털머위

갈대　상사화　바위취　수호초　맥문동

자생 초본류

1) 봄 : 괭이눈, 금꿩의다리, 금낭화, 금창초, 깽깽이풀, 노루귀, 돌나물, 돌단풍, 동의나물, 둥굴레, 매발톱꽃, 매화마름, 머위, 모데미풀, 민들레, 백량금, 변산바람꽃, 벌깨덩굴, 복수초, 복주머니란, 붓꽃, 뻐꾹채, 산괴불주머니, 삼지구엽초, 새우란, 수선화, 앉은부채, 애기똥풀, 앵초, 양

지꽃, 얼레지, 은방울꽃, 자란, 남산제비꽃, 처녀치마, 천남성, 상사화, 할미꽃, 현호색

2) 여름 : 가시연꽃, 곰취, 금매화, 금불초, 기린초, 꽃창포, 꿀풀, 노루오줌, 닭의장풀, 도라지, 동자꽃, 두메부추, 마타리, 메꽃, 무릇, 물봉선, 물옥잠, 바위솔, 배초향, 백리향, 벌개미취, 범부채, 부처꽃, 분홍바늘꽃, 비비추, 산수국, 삼백초, 상사화, 솔체꽃, 수련, 어리연꽃, 노랑어리연꽃, 엉겅퀴, 원추리, 이질풀, 참나리, 참당귀, 참좁쌀풀, 창포, 초롱꽃, 패랭이꽃

3) 가을 : 감국, 구절초, 꽃향유, 둥근잎꿩의비름, 부들, 산솜방망이, 쑥부쟁이, 용담, 참억새, 참취, 층꽃나무, 투구꽃, 큰꿩의비름, 해국, 꽃무릇

4) 겨울 : 왕개쑥부쟁이, 털머위, 수호초

자생 목본류

1) 봄 : 개암나무, 산수유, 생강나무, 개나리, 조팝나무, 개느삼, 고광나무, 고추나무, 골담초, 괴불나무, 때죽나무, 댕강나무, 두릅나무, 등나무, 말발도리, 매자나무, 모란, 목련, 미선나무, 매화나무, 백당나무, 병꽃나무, 산사, 산철

쭉, 수수꽃다리, 아그배나무, 왕벚나무, 으름, 이스라지, 이팝나무, 쥐똥나무, 진달래, 찔레꽃, 철쭉, 층층나무, 팥꽃나무, 함박꽃나무, 해당화, 황매화, 히어리

2) 여름 : 구기자나무, 노각나무, 느티나무, 다래, 담쟁이덩굴, 마가목, 모감주나무, 박쥐나무, 처진뽕나무, 산딸나무, 산수국, 쉬땅나무, 오미자, 왕머루, 자귀나무, 자작나무, 회화나무, 헛개나무

3) 가을 : 까마귀밥나무, 노박덩굴, 단풍나무, 덜꿩나무, 좀작살나무, 탱자나무, 화살나무, 은행나무

4) 겨울상록성 : 구상나무, 노간주나무, 사철나무, 소나무, 인동, 잣나무, 주목, 향나무, 호랑가시나무, 젓나무, 붉은인동이하 남부황칠나무, 후박나무, 후피향나무, 치자나무, 팔손이나무, 죽절초, 송악, 식나무, 아왜나무, 꽝꽝나무, 굴거리나무, 돈나무, 동백나무, 마삭줄, 만병초, 멀꿀, 모람, 백량금, 산호수, 자금우, 사스레피나무, 호자나무, 먼나무

5부

꽃처럼 산다

🌸 365일 꽃이야기

　매일 아침 6시, 잠자리에서 일어나 '오늘의 꽃'에 관한 글을 써온 지 어느새 8년이 지났다. 페이스북과 밴드 등을 통해 국내는 물론 해외에서도 하루 평균 만 명쯤 되는 분들이 필자가 쓴 '365일 꽃이야기'로 아침을 열고 있으니 참으로 고마운 일이다.

　네이버 밴드 '송박사의 365일 꽃이야기'에 매일 아침 꽃 이야기를 올리면 꽃에 관심이 많은 회원수가 21만여 명쯤 되는 130개 밴드에서 1차 공유를 한다. 공유자들이 70여 명쯤 되는데 이 분들은 꽃의 전령사들이라 '365꽃전령 모임'이라는 이름으로 따로 모임을 갖고 있다.

　밴드의 속성상 2차 3차로 공유가 되니 하루 약 100만 명에게 꽃 이야기가 전달될 것이라 추정할 수 있으니 보람도 크지만, 글쓰기가 은근히 부담스러운 날도 많다.

그래도 하루도 거르지 않고 숙제처럼 부지런히 계속 쓴다. 해외여행 중일 때도 한국의 아침 6시를 기준으로 꼬박꼬박 꽃 이야기를 써서 올리고 있다. 꽃을 좋아하는 분들과의 약속을 아직까지는 꾸준히 지켜가고 있는 셈이다.

종종 아내로부터 스마트폰에 너무 빠져 산다는 핀잔과 잠자리 머리맡에서 불빛이 깜빡거려 잠을 설쳤다는 하소연을 듣기도 했다. 그러나 지금은 아내도 보람 있는 일이라 생각하며 필자가 좋아서 하는 일이니 이해하며 응원해 주고 있다.

9년째 꽃 이야기를 이어올 수 있었던 동력은, 평생 꽃 연구자로 살아오며 갖게 된 지식 덕분이기는 하다. 그러나 그것만이 다는 아니다. 무엇보다 꽃을 통해 누군가를 행복하게 해줄 수 있다는 기쁨이 필자의 자존감을 충족시켜주기 때문이기도 하고, 평소 소통을 좋아하는 편인데 시공을 초월한 온라인에서 꽃을 매개로 다양한 사람들과 친구가 될 수 있다는 것이 매력적이기 때문이다.

매일 글을 쓰려면 꽃에 관한 공부를 계속해야 하므로 은퇴 후에도 늘 깨어있는 삶을 살 수 있다는 것은 덤으로 얻는 기뻠이다.

'오늘의 꽃'은 탄생화를 뜻한다. 탄생화는 프랑스에서 처음 시작되었으며 우리나라에 건너온 지는 그리 오래되지 않았다. 서양의 탄생화를 기준으로 하여 살펴보니 우리나라에 없거나 이용할 수 없는 꽃들이 많아서 그런 꽃들을 배제하고, 한국에서 자생하는 야생화를 그 자리에 넣어 한국판 '오늘의 꽃'을 최초로 만들게 되었다농촌진흥청 국립원예특작과학원 홈페이지 www.nihhs.go.kr 참조.

꽃말은 꽃의 특징이나 색깔, 향기, 모양 등에 따라 생겨난 것인데 국가나 지역에 따라 다른 경우도 있다. 동서양을 불문하고 꽃에 대한 전설이나 신화, 꽃점 등의 의미가 내포되어 있고, 과학적인 근거는 희박하지만 긍정적인 측면에서 사람들에게 희망과 꿈, 기쁨, 긍정적인 메시지를 준다.

'365일 꽃이야기'는 그날그날의 꽃을 기준으로 꽃이나 잎 사진 2~3매 내외, 꽃말, 생활 속에서의 활용법, 집에서 가꾸는 요령, 그리고 꽃을 통해 내가 배울 수 있는 지혜나 함께 나누고자 하는 메시지 등으로 구성되어 있다.

꽃을 사랑하는 분들의 요청으로 '365일 꽃이야기'를 달력 형태로 만들기도 했다. 꽃 이야기를 통해 많은 분들이 댓글로 새로운 지식을 쌓게 해주셨고, 격려를 아끼지 않아 큰 힘이 된다. 이 분들이 없었다면 책을 낸다는 건 어림없는 일이다.

33년 이상을 꽃과 함께 살아오고 있다. 꽃을 대상으로 각종 실험과 연구를 하는 연구자로써 꽃을 대하다 보니 '꽃의 생활 능력이나 삶의 철학이 인간보다 훨씬 탁월하다'는 걸 종종 깨닫게 된다.

지구촌에 식물의 탄생 역사가 사람보다 훨씬 오래되었다는 사실 말고도, 식물들은 자기들끼리 대화하는 기술, 크게 움직이지 않고 살아가는 방식, 다른 생물종과 교감하는 능력, 생태계를 건강하게 유지하는 능력, 자기들만의 다양한 생존전략 등 상상을 초월할 정도로 많은 능력을 갖고 있다. 그러므로 우리 인간은 꽃들로부터 더 많이 배워야 하며 지금보다 더 겸손한 자세로 살아가야 하지 않을까 싶다.

요즘 TV에 자연과의 교감을 다룬 프로그램이 많은 것을 보면, 인간의 본성 속에는 자연과 교감하고 싶은 본능적 욕구가 들어있기 때문일 것이다.

자연과의 교감은 다른 생물종들과의 관계에서 나를 동일시하는 것부터 시작된다. 사람도 꽃이나 새처럼 생물종으로써 자연생태계를 구성하는 1/n이기 때문이다.

꽃 이야기를 통해 꽃과 정원이 우리 생활문화 속에 깊숙이 정착됨으로써 우리 국민들의 정서적인 의식수준이 높아지고 꽃을 통해 더 행복해지면 좋겠다. 물질만능주의가 팽배해있지만, 정작 행복은 정서적으로 느끼게 되는 감정이기 때문이다.

플라톤은, 다섯 가지 행복의 조건 중에서 첫 번째가 '먹고 입고 쓰기에 조금 부족한 듯한 재산'이라고 말했다고 한다. 돈이 많아지면 더 행복할 것 같은데, 행복과 멀어지게 된다는 것은 참으로 아이러니하다.

사람들은 꽃식물을 보며 '예쁘다' '향기롭다'라고만 인식한다. 하지만 꽃은 공기정화는 물론이거니와 삶에서 오는 각종 스트레스를 줄여주고, 밀폐된 실내 공기를 정화시켜주며 미세먼지를 없애주고 습도를 조절해 주는 등, 인간에게 주는 가치가 무궁무진하다. 많은 사람들이 꽃의 숨은 가치를 깨닫고 탐구하며 꽃을 통해 세상이 더 맑고 환해지면 좋겠다.

송 박사의 '꽃담' 이야기

　다양한 분야에서 활동하며 꽃을 좋아하는 사람들이 자연스레 인터넷 상에서 만나 동호인 모임으로 발전하게 되었다. 오프라인 모임이 활성화 되자 모임의 명칭도 페이스북 그룹. 송박사의 꽃담이야기로 정해져 지금까지 이어지고 있다.

　'꽃담' 모임에는 회원들이 비전과 목표로 삼고 있는 '꽃담헌장'이 있다. 회원들은 온·오프라인에서 다양한 활동을 펼치며 이 헌장 내용을 실천하고 있다. 온라인에서 수시로 지식을 공유하고 정보를 교환하는 한편, 오프라인에서 매월 정기모임을 한다. 월례모임은 주로 대형 화원, 식물원이나 공원 등, 꽃을 많이 볼 수 있는 공간에서 이뤄진다. 그리고 현장에서 꽃에 대한 공부를 하고 난 후, 세미나장으로 옮겨 2시간 정도

강의를 듣는다.

강의는 사회 각계각층에서 전문가로 활동하고 있는 회원들의 재능기부를 통해 진행된다. 꽃을 통해 배우는 삶, 전 세계 꽃 축제나 박람회 현황, 꽃과 함께 하는 건강한 삶에 관한 강의뿐만이 아니라, 시, 미술, 음악 등 인접 문화 예술 분야와 연계된 강의를 듣기도 한다.

'꽃담'의 다른 자랑거리는 사회 취약 교육기관에 정원이나 꽃길을 만들어주는 나눔 활동이다.

기부정원 1호는 수원 서호초등학교 정문에 있는 교육 화단이었다. 행사는 회원들의 자발적인 참여로 이루어졌으며, 조경기술사인 회원이 재능 기부를 해주셔서 대상지를 미리 방문해 학교 측과 함께 화단을 어떻게 꾸밀 것인지 계획하고 설계했다.

그 후 차기 월례모임을 앞두고 SNS를 통해 필요한 물품 목록을 회원들에게 알려, 화단 조성에 필요한 국화 포트멈, 야생화, 관상수, 흙 등 계획했던 물품들을 협찬 받았다.

우리나라 사람들이 재능이든 물질적인 것이든 명분이 주어지면 기부나 협찬에 관심이 많다는 것을 이 일을 통해 깨닫게 되었다. 30여명의 회원들이 참석해 오후 내내 땀을 흘리며

땅을 파고 꽃과 나무를 심고 즐거워하는 모습은 감동이었다.

꽃담 기부정원 2호는 홍천에 있는 해밀학교에 정원이었다. 해밀학교는 비공인 대안학교로 가수 인순이김인순씨가 전액 지원하여 운영하는 학교이다. 인순이씨 후원회가 일부 협조하여 학생들이 주로 이용할 파고라와 데크를 설치하고, 학교 건물 하단부 및 학생들이 머무는 주요 공간에 화단을 새로 다 만들었다. 설계 및 기획, 많은 식재용 물품 협찬이 꽃담회원들만의 힘으로 며칠 만에 이루어질 수 있었다는 것이 참으로 놀라웠다.

모임 당일에는 강원도 홍천 산골짜기에 60여 명이 작업도구를 지참하고 참석했다. 학교 측에 폐를 끼치지 않겠다며 참가비를 내고 친구, 가족들과 함께 와서 하루 종일 즐겁게 일하는 모습은 서로에게 큰 감동을 안겨주었다. 덕분에 꽃으로 아름다운 세상을 이렇게 만들어가면 되겠구나 하는 생각이 들었다.

'꽃담'은 현재 페이스북 그룹 '송박사의 꽃담이야기'를 통해 소통하고 있으며 1,700명 정도의 회원이 참여하고 있다. 공개 그룹이라 꽃을 사랑하는 사람이면 누구나 입회가 가능하다.

그리고 2015년에 필자가 새로이 가꾸기 시작한 정읍 내장산 송죽마을에는 '꽃담원'이 있다. 이곳은 약 600여 평의 부지에 300여 종이 넘는 꽃과 나무들이 살고 있는 생태원이다. 필자는 이곳에서 꽃과 정원교실, '꽃담아카데미'를 운영하고 있는데, 꽃담회원들뿐만이 아니라 꽃과 자연을 사랑하는 사람이라면 누구나 찾아와 꽃과 더불어 마음을 쉬었다 갈 수 있는 곳이 될 수 있도록 가꾸고 있는 중이다.

꽃담 헌장

우리는 꽃의 가치를 깨닫고 탐구하며 꽃을 통해 세상을 더 맑고 밝게 만들기 위해 다음 사항을 실천한다.

하나. 꽃은 생명이고 자연의 주인임을 인식한다.

하나. 꽃을 통해 나를 성찰하고 꽃과 소통하며 자연과 교감한다.

하나. 꽃이 우리 생활문화 속에 정착되도록 노력한다.

하나. 꽃과 인문학의 만남을 확대한다.

하나. 꽃과 꽃을 사랑하는 사람을 사랑한다.

❋ 서평 모음

본인과 30년 지기인 저자는 평생을 정부연구기관에서 화
훼와 도시농업, 정원과 화단, 꽃과 나무, 자생화 등에 대하여
연구하고 보급하는 일에 정진해 왔을 뿐만 아니라, 실제로 본
인의 집을 비롯하여 전국에 걸쳐 많은 곳에 정원과 텃밭을 조
성하고 가꾸는 일에 헌신해 왔다.

그래서 식물에 대한 식견 뿐 아니라, 전문인은 물론 일반인
들과도 쉽게 소통하는 타고난 재주가 있다. 이번 책은 이러한
저자의 지식과 소통 능력을 잘 보여준다고 할 수 있다.

그는 이 책에서 우리 주위에 있는 많은 꽃들과 나무들에 대
한 구수한 이야기로부터 시작해 실제로 정원을 조성하고자
할 때 필요한 지식들을 쉽게 풀어 설명하고 있다. '꽃처럼 산

다는 것' 이 책은 나이, 학력과 상관없이 모든 독자들이 재미있게 읽고 이해할 수 있을 것이며, 쉽게 따라 할 수 있는 매력을 갖고 있다.

– 김기선, 서울대학교 원예생명공학전공 교수

매일 아침 6시, 365일 꼬박 그렇게 8년째 '오늘의 꽃'으로 세상과 소통하는 저자는 꽃을 통해 누군가와 행복을 나누는 기쁨이, 삶을 살아가는 가장 큰 동력이라고 말한다.

문득 수년 전 몽골 초원을 함께 여행할 때, 새벽이면 어김없이 깨어나 세상과 열심히 소통하던 그의 모습이 떠오른다. 내가 보기에는 세상 사람들을 향한 저자의 한결같은 사랑이 그 기쁨 이상의 동력이 아닐는지.

이 책은 꽃 박사로서 살아온 저자의 철학을 담고 있는 꽃으로 쓴 인문학이니, 누가 펼쳐 읽어도 좋을 듯 싶다. '내리사랑' 꼭지를 읽을 즈음이면, 저자가 말하고자 하는 삶에 대한 태도를 저절로 느낄 수 있게 될 것이다.

– 김완순, 서울시립대학교 환경원예학과 교수

'꽃처럼 산다는 것', 이 책은 꽃이 주는 삶의 지혜와 생존전략, 그리고 가드닝 등을 독자가 쉽게 이해할 수 있도록 소개하고 있다. 경제순위는 세계 6위이지만, 행복지수는 57위인 우리나라는 다른 어느 때보다 지금 꽃이 더욱 필요하다고 생각한다.

아침 6시면 어김없이 8년째 꽃의 전령사로 페이스북에서 만나고 있는 송정섭 박사의 뜻과 의지대로 우리 모두 꽃처럼 살 수 있게 되기를 기대한다.

- 김용식, 천리포수목원장

먼저 송정섭 박사님의 '365일 꽃이야기'를 받아보는 독자로서 이 책이 출판되어 너무 행복하다.

얼마 전까지는 거의 나무에 대한 관심만 있었는데, 정원에 대한 관심이 많아지면서 꽃에게도 마음이 많이 가게 되었다. 주변을 살펴보니 꽃과 정원을 사랑하는 사람들이 부쩍 많아졌다. 다들 꽃처럼 살고 싶은가 보다.

이 책은 꽃처럼 살고픈 사람들에게 좋은 길잡이가 될 것 같다. 산림청에서도 수목원과 정원을 여기저기 만들어야겠다.

- 김재현 산림청장

2011년 페이스북 '꽃담' 모임이 만들어질 때부터 총무를 맡으면서 짧지 않은 시간 동안 꽃담 송정섭 회장의 꽃과 정원 관련 활동을 접해왔다.

요즈음 들어 '4차산업 시대에 인류의 창조적 시대가 도래할 것'이라는 희망과는 달리, 과도기적인 상황 속에서 많은 사람들이 존재감의 상실, 고독, 소통의 부재 등을 느끼게 될 것이라고 우려하는 목소리가 들리고 있다. 이러한 때에 송정섭 박사의 책 '꽃처럼 산다는 것'은 꽃을 통해 인간 생명의 내면을 들여다보는 지혜를 주고, 현대문명이 당면하게 될 많은 난제를 극복하는 힘과 용기를 줄 것이라고 확신한다.

이 책을 통해 여러 면에서 모범적으로 살아오신 거장의 깊은 철학과 삶의 자세를 들여다보는 것은 크나큰 즐거움이 될 것이다.

– 박영선 (주)마을디자인 대표

평생 꽃과 함께 살고 있는 송정섭 꽃 박사! 그는 아침 6시, 잠자리에서 일어나 '오늘의 꽃' 이야기를 SNS에 올리는 것으로 하루를 시작한다. 그의 꽃 이야기를 기다리는 회원이 21만 명에 이른다. 나 역시 송 박사의 '오늘의 꽃이야기'를 읽는 것으로 하루를 연다.

저자는 농촌진흥청에서 꽃을 연구하는 꽃 박사로 33년 동안의 공직생활을 마친 후, 고향 정읍으로 귀촌해 '꽃담원'이라는 예쁜 꽃밭을 가꾸며 꽃과 함께 살고 있다. 그는 혼자서만 꽃을 좋아하고 즐기는 것이 아니라, 많은 사람들과 함께 꽃과 더불어 사는 즐거움을 나누고 있다.

그는 8년째 하루도 거르지 않고 네이버밴드에 '송박사의 365일 꽃이야기'를 쓰고 있다. 그리고 보다 전문적으로 꽃을 공부하고 가꾸며 즐길 수 있도록 '꽃담아카데미'를 열어 지식과 정보를 나누는가 하면, '꽃전령모임'을 조직해 꼭 필요한 곳에 예쁜 꽃밭을 만들어주는 봉사활동을 펼치고 있다.

그런 그가 이번에 꽃에게서 배우는 삶의 지혜 '꽃처럼 산다는 것'이라는 책을 펴냈다. 이 책 속에는 꽃에 대한 지식과 정보, 실내에서 꽃 기르기, 정원 꾸미기는 물론 꽃이 알려주는 삶의 지혜와 생존전략으로 가득 차 있다.

그는 꽃처럼 산다는 것은 나만의 향기를 지키며 자연 속에서 이웃과 더불어 사는 것이라고 말한다. 그러나 꽃처럼 산다는 것은 쉬운 일이 아니다. 나비의 관점에서 자신을 되돌아보며 변하고자 노력하는 꽃만이 후대를 이어가듯이 우리도 나눔과 조화를 통해 남과 눈높이를 맞추어야 한다고 일러준다. 식물들은 자기들끼리 대화하는 기술, 다른 생물종과의 교감 능력, 생태계를 건강하게 유지하는 능력 등 상상을 초월할 정도로 많은 능력을 갖고 있다.

그러므로 우리 인간은 꽃으로부터 더 많이 배워야 하며 지금보다 더 겸손한 자세로 살아가야 한다고 꽃 박사인 저자는 이 책에서 강조하고 있다. 이 책이 널리 퍼지고 읽혀져 '꽃 이야기를 통해 꽃과 정원이 우리 생활문화 속에 깊숙이 정착됨으로써 우리 국민들의 정서적인 의식 수준이 높아지고 꽃을 통해 더 행복해지면 좋겠다.'는 그의 바람이 꼭 이루어지기 바란다.

우리 사는 세상이 '꽃처럼 향기롭고 아름다운 세상'이 되면 참 좋겠다. 아니, 꽃보다 아름다운 사람들이 모여 사는 세상이 되면 정말 좋겠다. 일독을 권한다.

– 조연환 전 산림청장, 시인, 숲해설가

꽃에게 배우는 삶의 지혜

꽃처럼 산다는 것

1판 1쇄 인쇄 2019년 5월 1일
1판 2쇄 발행 2019년 9월 15일

지은이 송정섭
발행인 김소양
편 집 권효선
마케팅 이희만

발행처 ㈜우리글
출판등록번호 제321-2010-000113호
출판등록일자 1998년 06월 03일
주소 경기도 광주시 도척면 도척로 1071
마케팅팀 02-566-3410 **편집팀** 031-797-3206 **팩스** 02-6499-1263
홈페이지 www.wrigle.com

ISBN 978-89-6426-091-3 03480

이 도서의 국립중앙도서관 출판예정도서목록(CIP)은 서지정보유통지원시스템 홈페이지(http://seoji.nl.go.kr)와 국가자료종합목록시스템(http://www.nl.go.kr/kolisnet)에서 이용하실 수 있습니다. (CIP제어번호 : CIP2019015284)

잘못 만들어진 책은 구입하신 서점에서 교환해드립니다.